오늘도 부족한 엄마였다. 일을 마치고 부리나케 달려오지만
주어진 시간은 아이들이 원하는 바에 비하면 늘 짧다.
한순간도 아쉽지 않게 보내고, 늦은 밤 잠든 두 아이를 보며
매일 사랑한다고 말해 줄 수 있어 감사하다.

아이를 키우는 양육자가 자신의 내면까지 보듬기란 쉽지 않다.
그럴수록 아이 키우기와 엄마 돌보기가 적절한 균형을 잃지 않아야 한다.
엄마가 심리적으로 건강해야 아이도 단단하게 자란다.

하나하나의 인연은 생과 생이 만나는 엄청난 경험이고
언제 어디에서 어떻게 다시 이어질지 모르지 않는가.
맺는 것만큼 푸는 것 역시 세심함이 필요하다.

그럼에도 아이들은 나를 이전의 나보다 더 나은 사람으로 만든다.
오로지 나만 알았던 내가, 내 아이와 어우러져 살아갈
다른 아이들에게도 눈길을 돌리게 됐다.
우리 아이가 살아가야 할 앞으로의 세상을 위해 자꾸만 불편을 감수하며 노력하게 된다.
아이로 인해 나도 사랑받는 사람이었다는 걸 알게 되었다.

# 방구석
# 랜선
# 육아

방구석
랜선
육아

**펴낸날** 2021년 3월 10일 1판 1쇄

**지은이** 온마을
**펴낸이** 김영선
**기획** 양다은
**책임교정** 이교숙
**교정교열** 남은영
**경영지원** 최은정
**디자인** 바이텍스트
**마케팅** 신용천

**펴낸곳** (주)다빈치하우스-미디어숲
**주소** 경기도 고양시 일산서구 고양대로632번길 60, 207호
**전화** (02) 323-7234
**팩스** (02) 323-0253
**홈페이지** www.mfbook.co.kr
**이메일** dhhard@naver.com (원고투고)
**출판등록번호** 제 2-2767호
**값** 16,800원
ISBN 979-11-5874-111-2

교육 전문가 엄마 9인이 쓴 나홀로 육아 탈출기

# 방구석 랜선 육아

온마을 지음

미디어숲

'온마을'은 교사 커뮤니티로 모인 9명이 밴드를 통해 일상과 육아 정보, 자신의 삶을 나누는 온라인 모임이다. 온마을이 1년을 바라보던 시점에서 '온마을 함께 책 쓰기 프로젝트'를 시작했다.

'그때의 우리처럼 힘든 엄마들이 여전히 많잖아. 무슨 말을 해 줄 수 있을까?'

온마을 구성원들이 두 돌 즈음의 아기들을 돌보면서도 분초를 쪼개 가며 온마을에서 책을 쓰기로 한 이유다. 이 책은 랜선 육아 모임을 하고 싶은 사람들이 스터디북으로 사용할 수 있을 것이다. 육아 모임이 아닌 또 다른 주제의 랜선 모임을 시작하고 싶은 사람들에게도 도움이 될 수 있다.

맘카페를 보면 소통을 갈구하는 엄마들이 넘쳐난다. '인스타로 찐소통해요.',

'00년생 엄마들 단톡해요.' 하고 누군가 글을 올리면 수십 개의 댓글이 달려 금세 인기 글이 되기도 한다. 하지만 하루 이틀, 길게는 일주일도 가지 않아, '역시나 그렇지.' 하고 소원해지면서 팔로워 숫자로만 남는다. 그저 우리 아이와 내 삶을 자랑할 사진을 올리고, 조금 '과한' 칭찬으로 서로에게 댓글을 달아 주는 것으로 관계를 이어 나갈 수는 없기 때문이다. 외로움으로 누군가를 찾았지만 그들과 내가 무엇을 어떻게 할지에 대한 생각을 공유할 기회가 없다.

그러나 손가락 움직임 한 번에 스쳐 지나가는 사진 대신 나의 생각과 삶과 고민을 나눈다면 이야기가 달라진다. 모임이 텍스트 기반이 되어야 하는 이유이기도 하다. 모두가 귀여운 아기 사진에 '좋아요'를 누를 때, 혼자 뜬금없이 장문의 글을 올린다고 되는 것도 아니다. 얼마만큼 자신을 오픈할 것인가에 대해 사람들이 가진 암묵적인 규칙을 혼자 깨 버려서도 안 된다. 그래서 나와 같은 사람들을 찾는 것이 중요하다.

모임 구성원을 모집하는 글도 '인스타로 소통해요.' 대신 이렇게 올려 보자. '이 책으로 같이 육아 소통해 보실 분' 그 말 안에는 '우리 같이 육아해요.'라는 함의가 들어 있다. 책을 읽는 번거로운 행위를 제시하는 것만으로도 '진짜'를 걸러 낼 수 있다. 대충 읽어도 좋다. 이 책에 제시된 실제 팁들을 활용해서 썩 괜찮은 모임을, 때로는 불빛이 보이지 않는 끝없는 터널 같은 시간을 지날 때 힘이 되어 주는 사람들을 만날 수 있다면 그것으로 우리는 기쁠 것이다.

## '온마을' 육아 메이트들 여기 다 모였네

**완두**

아이 음식, 옷 소재에는 민감하지만 먼지에는 관대해서 너저분한 육아환경 유지 중. 잠귀가 어둡고 아침잠이 많아 80일경 강제 통잠을 자게 만들었고, 아침에도 먼저 일어난 아이가 혼자 한참을 놀다 깨워줌.

**연두**

사부작대는 걸 좋아해 한시도 쉬지 않음. 그렇게 육아를 불사르다 우울증을 겪은 후 곡절 끝에 평화를 되찾음. 때론 냉정해 보이는 엄마지만 아이의 울음과 떼의 원인을 누구보다 잘 파악하는 섬세함이 있음.

**캔디**

7살까지 검정고무신 신던 깡시골 출신으로, 개그맨의 꿈을 품고 오디션에 도전했던 시절도 있었음. 나이가 있어 체력부족으로 헉헉대곤 하지만 대신 짬에서 나오는 여유로 허용적인 육아 중.

**여름**

규칙과 질서, 계획을 아주 좋아하는데 매번 예상을 빗나가는 육아에 몹시 당황중인 초보엄마. 가정생활도 직장생활도 멋지게 잘 해내기 위해 물속에서 무수히 발을 젓는 고고한 백조.

**도토리**

서울에서 춘천까지 자전거를 타던 체력왕. 그 체력을 닮은 아들을 낳고 매일 스펙터클한 몸 놀이 중. 아이에 대한 모든 것을 자기가 하려는 '내가 다 해야 돼' 병 투병 중.

**나무**

토끼 마음을 가졌으나 몸이 거북이라, 동동거리며 하루를 버티는 타임푸어이자 에너지푸어. 왕성한 식욕에도 부엌과 친하지 않았으나, 해산물을 좋아하는 아기를 키우며 생선과 갑각류 손질 고수가 됨.

**땅콩**

새벽형 인간. 카카오톡도 하지 않을 정도로, 남들이 뭐라 해도 나만의 길을 꿋꿋하게 걷는 단단한 마이웨이 스타일. 엄마만의 삶도 중요하다 생각해서 아이들과 '사회적 거리두기' 실천 중.

**꼬모**

한때는 시아준수 보러 공연장을 쫓아다니던 열정 있는 엄마. 두 아이 육아에 자주 지치곤 하지만 회사에서부터 아내 주려고 주머니에 만두를 넣어오는 스윗한 남편이 있어 매일 행복함.

**비엔**

인생도 육아도 힘들면 빨리 다른 길을 찾는 탓에 남들은 결단력 있다 평하지만 사실은 극소심 트리플 에이형. 여행을 좋아해 두 아들 잘 키워 든든한 여행 메이트로 만들 계획 중.

# 차례



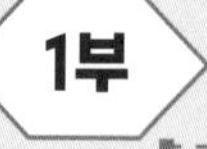

## 1부 나홀로 육아는 힘들어

## 함께할수록 즐거운 동맹육아

## 3부 어제의 엄마는 가고 내일의 엄마가 온다

## 4부 나도 한번 육아 모임 꾸려 볼까

프롤로그

# 알았다면 시작했을까, 엄마의 자리

엄마라서 행복했지만 동시에 늘 억울했다. 아이는 남편과 같이 낳았는데 내 인생만 완전히 달라져 버린 듯했다. 우아한 육아는 상상도 할 수 없고 기본적인 욕구부터 절제해야 했다. 먹는 것, 화장실 가는 것은 둘째 치더라도 수면은 온전히 아이의 리듬에 맞춰야 해서 하루 종일 비몽사몽으로 지낼 때가 많았다. 자고 싶을 때 잠자고, 일어나고 싶을 때까지 쭉 이어 자는 것은 어느새 사치가 되었다.

아이와의 하루는 그저 먹이기, 놀아 주기, 재우기의 반복인데 현실은 그리 녹록지가 않다. 중간중간 추가되는 미션도 있다. 아기가 변비가 있다면 엄마의 머릿속은 종일 '똥'으로 가득 찬다. 각종 기술을 발휘해서 어떻게든 아이가 똥을 눌 수 있게 해야 한다. 힘을 줬는데도 못 누면 점점 초조해지고, 소식 없이 3일 차가 되면 걱정이 태산이다. 먹이고 입히고 재우고 맙소사, 똥까지 누게 만들어야 한다니!

하루 종일 아이 보느라 진이 빠졌는데도 자는 아이 옆에 엎드려 다음 날 아이와 함께 시간 보낼 각종 아이템을 쇼핑한다. 나는 굶어도 애는 먹여야 하니 식재료도 주문해야지, 철따라 옷도 사야지, 장난감이며 책은 또 왜 그렇게 종류가 많은지. 장난감을 사다 안겼을 때 짓는 행복한 표정 한번 보려고 오늘 밤엔 내 옷 대신 유효기한 2주짜리 아이스크림 카트를 결제한다.

내 삶은 출산을 기점으로 완전히 달라져 버렸다. 아니다, 이젠 '내' 삶이라고 부를 수도 없다. 몸도 지치고 마음도 지치고, 갑자기 왜 나만 이렇게 힘들어야 하는지 억울함과 서러움이 마구 밀려온다.

아이 혼자서도 잘 노는 육아템...
먹이고 재워주는 기계...는 없구나

그런데도 아이가 달려와 안기면 세상을 다 가진 기분이다. 그 보드랍고 따뜻한 존재가 내 어깨에 조그마한 머리통을 올려놓고 "엄마, 엄마" 부르며 기댈 때면, 이 아이에게 내가 할 수 있는 모든 것을 다 해 주고 싶다. 가슴이 벅차오른다는 말이 딱 들어맞는 충만한 기분. 이런 경험을 통해 우리는 엄마로 다시 태어난다. 엄마가 아니었으면 몰랐을 황금빛 감정과 육아에 따르는 필연적 고통 사이에서 한 번쯤은 저울질을 해 보았을 것이다. 이런 게 엄마의 현실이라는 걸 알았다면 우리는 과연 시작했을까?

## '온마을'을 연 도토리

### 180도 달라진 현실
### 정말 중요한 건, 이 모두가 시작에 불과하다는 것

아이가 '엄마'를 부르면 눈물이 난다고들 한다. 육아에 지친 나는 현실의 내 처지가 딱하고 가련해서 눈물이 난다. 모성애는 엄마가 되는 순간 '팡'하고 터지는 거 아니었나? 그리고 그 모성애로 아이를 키우는 것이 행복하며 눈에 넣어도 아프다 느끼지 않을 만큼 아이를 예뻐하는 사람, 나는 그게 '엄마'라고 생각하는 심각한 오류를 범하고 있었다.

물론 아이를 낳자마자 모성애가 샘솟는 엄마도 있겠지만 나는 아니었다. 산후조리원 수유실에서 꿀이 뚝뚝 떨어지는 눈으로 자신의 아이에게 예쁘게 말을 거는 옆자리 엄마를 볼 때면 마음이 불편했다. 주섬주섬 젖가슴을 꺼내고 엉거주춤 아이를 안아 보아도 내 머릿속에는 '이 녀석, 왜 이리 어색하지?'라는 생각뿐이었다. 그리고 기껏 꺼낸 말은 고작 "안녕! 먹어 봐."인 내가 왠지 비정상적으로 느껴졌다. 거기에 출산 후 솟구쳐 오르는 호르몬의 영향까지 더해져 밤새 우는 나 자신이 얼마나 낯설던지. 정말, 대체 난 누구냐?

신생아 시기 이후에도 먹는 것, 자는 것 어느 하나 편한 게 없었는데 그때마다 다른 아이도 이런 건지 늘 궁금했다. 문제 상황이 생길 때마다 다른 부모들은 어떻게 하는지 알고 싶었지만 궁금증을 해결할 수 있는 곳은 아무리 둘러봐도 맘카페뿐이었다. 게다가 하루 종일 아이와 유아어로만 소통하다 보니 '어른 사람'과 대화하고 싶은 마음이 간절했다.

그 무렵, 코로나19로 인해 문화센터마저 문을 닫고 집콕이 시작되었다. 집콕은 '물속에서 빨대로 숨 쉬는 것'과 비슷한 삶이었다. 답답하고 외로웠다. 이런 게 엄마임을 알았다면 시작하기 어려운 일, 맞고 말고! 하지만 정말 중요한 건, 이 모든 것이 시작에 불과하다는 사실이다. 기관 생활, 학교, 사교육, 사춘기, 입시, 헤쳐나가야 할 관문이 얼마나 많은가.

그런데도 만약 내가 아이 낳기 전으로 돌아간다면 이 모든 걸 시작했을까?
아직까진, 'No'라고 말하고 싶다.

## 많이 사랑하지만, 그럼에도

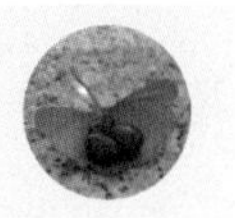

음, 너를 많이 사랑하지만 나도 위 질문에는 No. 이렇게 생각해서 미안해. 아이가 참 예쁘다. 순둥이도 이런 순둥이가 없다. 덕분에 나는 한 번도 소리지르거나 엉덩이를 맴매한 적이 없다. 수월한 육아, 역시 난 잘하고 있다, 그렇게 착각하는 가운데 삶을 뒤흔드는 복병이 있었으니 바로 배우자와의 갈등이었다. 나는 다른 사람들보다 일찍 결혼했다. 둘 다 원해서 둘만의 시간을 10년 가까이 보내다가 이제 아이를 가져볼까 마음먹었는데 금세 임신이 되었다. 임신 기간마저 평탄하고 행복했다. 낳고 보니 또 순둥이에 발달 단계에 맞춰 알아서 잘 자라니 다들 복 받았다고 난리인데, 어느 날 나는 정신과로 향했다.

나는 아이를 사랑한다. 한창 걷기 시작할 때 아이와 도서관에 갔다가 갑자기 넘어지는 걸 잡지 못했다. 아이는 아주 심하게 얼굴을 찧고 입에 피거품을 물고 울었다. 아이와 나 둘 다 피가 범벅이 된 채로, 아이를 안고 달리는 내 심장이 얼마나 쿵쾅거렸는지 모른다. 아이 키우면서 수없이 경험하게 되는, 어찌 보면 사소한 일임에도 심장이 발끝에서 뛰는 듯했다.

다시 한 번 말하지만 나는 아이를 사랑한다. 목숨도 줄 수 있다는 말을 이제는 이해한다. 하지만 다시는 돌아갈 수 없는, 그 평온하고 고민 없는 삶이 그립지 않다고는 말하지 못한다. 과거로 돌아간다면 지금과 같은 선택을 하겠느냐는 질문에 나는 늘 망설인다. 이 말을 해도 될까 하고. 행여나 소중한 네 존재에 해가 되지는 않을지 조심스러워 아무한테도 말하지 못한 이야기. 끝내 입 밖으로 내뱉지 못하겠다. 과거로 돌아가면 다시 같은 선택을 하고 너를 만나려 할지 모르겠다는 데에서 그나마 최악은 아님을 확인한다. 미안해, 이런 생각.

### 두 아이를 독점육아하는 남매맘 땅콩

## 독박육아가 아니라 '독점육아' 내 존재는 아이들로 완성된다

난, 당연히 Yes! 엄마라는 존재로 만들어 줘서 고맙다. 엄마라고 매일 불러 줘서 고맙다. 오늘도 부족한 엄마였다. 일을 마치고 부리나케 달려오지만 주어진 시간은 아이들이 원하는 바에 비하면 늘 짧다. 한순간도 아쉽지 않게 보내고, 늦은 밤 잠든 두 아이를 보며 매일 사랑한다고 말해 줄 수 있어 감사하다. 나는 대가족 울타리 안에서 자라, 결혼하고 아이 낳아 기르는 것이 당연했다. 그렇게 갖게 된 첫아이와, 딸 하나만 잘 키우겠다고 생각한 나에게 선물처럼 찾아온 둘째. 부부에서 부모로 성장하는 것이 쉽진 않았지만 아이들을 통해 내 존재를 다시 확인할 수 있었다.

먹이고, 놀아 주고, 재우고. 아이들과 함께하는 오늘 이 시간이 다시 없으리라 생각하면 찰나마저 소중하게 느껴진다. 시간이 지나고 품에서 떠나게 되는 날을 상상해 본다. 두 아이가 나를 떠난다고 생각하면 눈물이 난다. 그래서 두 번 다시 없을 이 시간이 소중하다. 주말부부로 아홉 살, 세 살 두 아이를 독점육아하는 상황. 독박육아가 아니라 독점육아라고 표현하는 것은 지금의 육아가 부족한 나를 성장하게 해 주는 시간, 아이들의 사랑을 독점할 수 있는 시간이라 생각하기 때문이다. 대신 주말엔 남편이 두 아이를 독점육아하니, 덕분에 주말만큼은 나만의 시간을 가질 수 있다.

고된 하루를 보내고 와서, 두 아이의 까르르 웃는 웃음소리를 듣고 있으면 하루의 피곤이 눈 녹듯 사라진다. 부모만이 느낄 수 있는 행복이다. 세상에는 돈 주고 살 수 없는 것들이 있다. 아이들의 웃음소리, 환한 미소, 그리고 뭘 해도 귀여운 둘째. 엄마라 불러 주는 아이들이 있어서 행복하다.

**만성피로에 시달리는 완두**

## 달라진 내가 보기 좋으니까!

늘 피곤함에 절어 살지만, 그래도 Yes. 어렵게 찾아온 내 아이, 정말 소중하게 키워야지 했는데 육아는 상상했던 것보다 훨씬 힘들었고 내 인내심은 내가 알고 있던 것보다 더 바닥이었다. 예민한 엄마에 비해 다행히 아이는 순해서 백일 전에 통잠을 잤고 울음 끝도 짧아 욕구만 해소되면 길게 울지도 않았다.

아이는 문제가 없었다. 문제는 나였지. 아이가 이렇게나 협조적인데도 만성피로에 체력도 정신력도 부족한 나는 자꾸만 화가 났고 이유 없이 자주 울었다. 세상 모든 게 신기한지 졸린 눈을 하고서도 더 놀고 싶어 낮잠을 자지 않으려고 버티는 아이에게 참지 못하고 짜증을 내고는 후회한 적이 한두 번이 아니다. 아이 키우느라 푸석해진 외모는 늘 '추노' 꼴을 면치 못했고 단유 후 체중까지 늘기 시작하자 늘 우울했다.

그럼에도 아이는 나를 이전의 나보다 더 나은 사람으로 만든다. 오로지 나만 알았던 내가, 내 아이와 어우러져 살아갈 다른 아이들에게도 눈길을 돌리게 됐다. 우리 아이가 살아가야 할 앞으로의 세상을 위해 자꾸만 불편을 감수하며 노력하게 된다. 아이로 인해 나도 사랑받는 사람이었다는 걸 알게 되었다. 서로 아끼고 사랑하지만 표현이 부족했던 나의 원가족은 아이로 인해 매일 대화하고 사진을 주고받는다. 아이 먹을 것, 옷, 장난감을 볼 때면 그냥 지나치지 않고 굳이 챙겨 보내 주니 이전에는 잘 하지 않던 '고마워'라는 말을 자주 하게 되었다. 정말로, 내 것을 챙겨줄 때보다 더 고마우니까. 아이로 시작된 대화는 가족 모두에 관한 관심으로 이어져 서로 더 끈끈해진다. 가족들이 나의 아이로 인해 행복해하는 모습을 보는 것이 너무나 뿌듯하다.

물론 아이가 너무 예쁘지만 그렇다고 아이 재롱 하나에 피곤이 가시는 건 아니다. 그래도 좋다. 내 아이도, 엄마인 나도 좋다. 늘 피곤해도, 조금 덜 멋져도, 전보다 달라진 내가 좋다. 자신 있는 예스의 이유는 바로, 그런 달라진 내가 보기 좋으니까!

# 1부

# 나홀로 육아는 힘들어

# 어쩌다 혼자 육아

'아이를 낳으며 뇌도 같이 낳아 버렸나. 한심한 아줌마들 같으니라고. 직장과 가정생활을 왜 구분하지 못하는지! 그러려면 차라리 직장을 그만두지, 왜 저렇게 살아?'

아이 키우랴 일하랴 정신없는 그녀들이, 할 일을 제대로 못 하는 걸 보며 한때는 저런 생각을 했다. 그런데 막상 내가 아기를 낳고 보니 이제야 이해가 된다. 백번 천번 사죄드린다.

어제의 똑순이는 오늘의 멍청이가 되었다. 출산 전에야 회사에서 일 잘한다고 인정받고, 퇴근 후 친구들 만나 새벽까지 놀고도 아침이면 업무 복귀, 회의 때면 아이디어가 샘솟고. 다 그랬지 않나. 나보다 먼저 겪은 그녀들도

다 그랬으리라. 그런데 이제는 아이디어가 웬 말? 머리가 굳은 건 둘째 치고 내 상식으로 이해할 수 없는 일들을 매일매일 마주한다. 눈 끔뻑이며 나만 바라보는 아기와 땀까지 흘려가며 한참을 놀아 주고도 시계를 보면 겨우 10분이 지났다. 아니 명색이 놀이인데, 노는 것이 어쩜 이렇게까지 괴로운지 정말 모르겠다.

아기가 잠들면 '엄마 냄새' 나는 옷가지를 아기 옆에 살그머니 벗어 두고 낮은 포복으로 몰래 기어 나온다. 문 닫는 소리에도 아이는 뒤척이기 일쑤여서 방을 몰래 빠져나오는 것도 일이다. 투명인간이 되어 벽을 뚫고 나온다면 방을 무사히 나설 때까지 걸리는 귀한 시간을 아낄 수 있을 텐데.

'이제 잉여로 돌아가자!'

가까스로 누리는 나만의 시간은 1시간이 10분처럼 후딱 지나가 버린다. 짧디짧은 나의 시간 중 짬을 내어 육아서를 들춰 보지만 내가 간절히 원하는 건 책에 없다. 지금 내가 알고 싶은 건 3년 동안 아기한테 딱 달라붙어서 정성스레 돌보는 방법이 아니라, 겨우 재워 조심스럽게 바닥에 내려놓았는데 눈을 번쩍 뜨고 울음을 장전하는 아기를 어떻게 다시 재우느냐 하는 거라고!

시간도 느리게 가고 도통 어떻게 해야 할지 알 수 없는 이런 일은 내 인생 처음이다. 그냥 멍청이라고 불러 주세요. 아무것도 모릅니다. 무기력하고 삶이 괴롭다. 누군가와 대화하며, 육아인간 24시간이 아닌 다른 삶을 살고 싶다. 하지만 급하게 만든 새로운 인연은 결국 실패할 수밖에 없다. 연애할 때도 마찬가지이지 않았던가. 사람이 목말라지면 언제나 을이 될 수밖에 없다.

지금 내 곁에는 아기 말고는 아무도 없다. 결혼 전 연애 고수, 밀당의 황제, 부뚜막에 먼저 올라가던 얌전한 고양이였던 내가, 실적 대비 무한 신뢰, 처세의 여왕, 사장님 며느릿감으로 불리던 내가 지금은 인간관계로 고민을 하다니! 역시 멍청해진 게 맞다.

엎친 데 덮쳤다. 남편도 멍청이였다. 아기 띠를 하고 능숙하게 아기를 재우는 아빠는 TV 속에나 있었나 보다. 출산과 육아로 지친 아내에게 하루쯤 휴가를 주는 멋진 남편은 옆집에만 있나 보다. 아침 일찍 나가 아기가 잘 때 들어오는 남편은 애당초 육아에 동참할 수 없었다. 들어오며 부스럭대는 통에 잠든 아이를 깨우지나 않으면 다행이었다. 변명은 청산유수다. 자기는 어쩔 수 없단다. 회사 일을 마음대로 하려면 회사를 차려야지 월급 받고 다닐 수는 없다는 것. 나도 직장생활을 해 봤으니 안다. 아니 그렇다면, 인간적으로 주말에는 아이도 돌보고 아내도 돌보고 집안일도 해야 하는 것 아닌가? 그 시간에 나 혼자 놀겠다는 것도 아니다. 나는 그저 주말만이라도 6 대 4 정도의 분업이 되기를 원할 뿐이다. 남편들이여, 분노하지 마시라! 내가 6이다.

아기 좀 보라고 하면 정말 '눈으로만' 보고 있다. 나도 남편도 아이를 키우는 건 처음인데 왜 내가 가르쳐주는 입장이 되어버린 걸까? 그렇다고 가르쳐주는 걸 또 가만히 듣고만 있지는 않는다. '집에서도 선생질한다, 피곤한데 잔소리한다, 그러니까 내가 안 한다'로 귀결되는 이상한 논리를 펼친다. 그러다 보면, 그나마 하던 설거지도 안 해 쌓인 주말 집안일 기여도가 0으로 떨어지는 상황이 생긴다. 화가 나지만 굳이 내가 남편의 모든 변명에 반박하지 않는 이유다.

어째서 남편은 화가 나면 모든 집안일에서 손을 떼는지 모르겠다. 우는 아이까지 모른 척할 때면 분노가 올라온다. 분노는 미움을 낳고 급기야 핸드폰을 열어 이혼을 검색해 본다.

아기를 낳기 전 든든했던 남편은 어디로 간 걸까. 모든 걸 다 아는 것 같던, 모든 걸 다 할 수 있을 것 같던 그였건만. 그저 내 눈에 씐 콩깍지였을 뿐일까. 출산 후 어쩔 수 없이 집에 갇혀 사는 동안 유일했던 성인 사람과의 인간관계도 이렇게 무너져 간다.

고로 지금 나는 혼자다. 참, 논리적으로 모순이기는 한데 '아이가 딸린 혼자'다. 주위를 둘러보면 육아 전쟁에 뛰어든 수많은 엄마 전사들이 보인다. 그렇다면 나만 혼자고, 그들은 전우애를 빛내며 함께 싸우고 있나? 아니다. 모두 혼자다. 각자의 등에 애를 둘러메고 양손에는 육아용품이라는 무기를 든 채 지친 발을 끌며 그저 앞으로 앞으로 나아가고 있다. 어째서 엄마들은 이다지도 혼자인가.

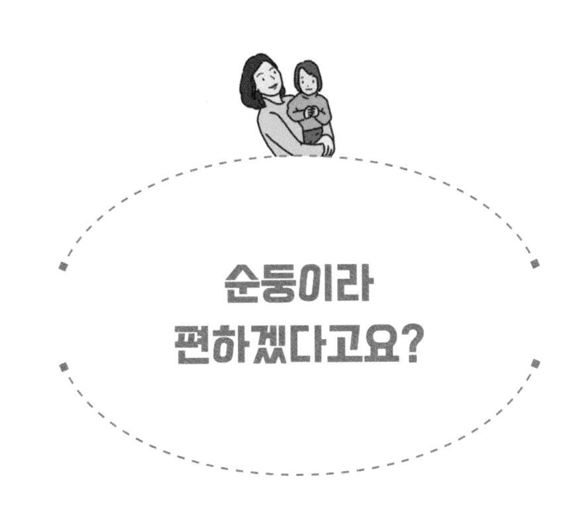

# 순둥이라 편하겠다고요?

"이런 애는 열 명도 키우겠네.", "아이구. 거저 키우네, 거저." 아이 칭찬도 뭣도 아닌 이 말에 가슴이 턱 막힌다. 그래서 어쩌라는 말인가. 정작 나는 힘들어 죽겠는데. 힘들다고 말하면 또 "복에 겨웠네, 진짜 힘든 애를 안 키워 봐서 그래."라고 한다. 정말로 내가 우주 최강 까탈쟁이를 낳으면 그때는 그런 말 안 들으려나? 아니, 그땐 혀를 끌끌 차며 엄마가 애 버릇 다 망친다고 하겠지. 어느 쪽이나 결국 다 내 탓으로 귀결된다. 그래도 난 묻고 싶다. 볼 때마다 '열 명' 타령하시는 1205호 아주머니! 집에서 우리 애 하는 거 보셨어요? 우리 아이 정말 순한가요? 그리고 순하면 육아가 쉬운 거 확실한가요?

사실 우리 아이는 특별히 더 키우기 힘든 예민둥이 같은데, 남편과 부모님을 비롯한 주위 사람들은 엄마가 유난이란다. 애들이 다 그렇다고. 그 정도 안 힘들면 어떻게 아이를 키우겠느냐며 대수롭지 않게 여긴다. 하지만 그건 가족의 시선일 뿐 막상 밖에 나가면 아이가 조금만 거슬려도 맘충이라 손가락질하는, 유난히 아이와 엄마에게 박한 세상의 시선에 아이만 더 다잡게 된다. 정말 우리 아이 순해서 키우기 편한 걸까? 아니, 나 지금 편한 거 맞나? 이게 편한 거면 다른 엄마들은 도대체 어떻게 살고 있다는 거지?

'순하다' 혹은 '예민하다'라고 말하는 기질은 주로 감각과 관련이 있다. 아이가 자기 안팎의 수많은 자극을 어떻게 받아들이고 처리하는지를 말하는 것이다. 순한 것이 꼭 좋은 것도, 그렇다고 나쁜 것도 아니다. 순한 기질은 그냥 그러할 뿐이다. 하지만 우리 아이가 어느 정도로 감각이 예민하고 환경에 민감한지를 파악하고 있으면 아이의 행동을 이해하기 쉽다. 갑작스러운 떼, 짜

증, 거부 등 소위 진상 같은 짓을 할 때 이 악물고 "집에 가서 혼난다."라고 말하며 주변의 눈을 의식하는 대신 "아, 네가 지금 불편하구나." 하며 불편감을 덜어줄 방법을 찾을 수 있을 것이다. 참고 참다 폭발해서 아이를 울려 재운 후 잠든 아이를 바라보며 후회하는 일, 얼마 안 남은 내 자존감을 갉아먹는 행동임을 우리는 경험으로 알고 있지 않은가.

# 잘 먹고 잘 자는 애는 옆집에만 있다

두 돌이 지나면 아이도 이제 좀 사람(?)다워지고 엄마도 이전보단 훨씬 편해진다는데, 나와 우리 아이에게는 왜 그런 기적이 일어나지 않을까! 물론 표현이 풍부해지면서 전에 하지 않던 말을 하고, 웃으며 애교를 부릴 때면 '눈에 넣어도 안 아프다.'는 말이 이런 건가 싶을 만큼 예쁠 때도 많다.

문제는 예쁜 행동만 늘어나는 게 아니라는 것이다. 조용하다 싶으면 숨어서 치약을 짜 먹고 있고, 화장품은 죄다 꺼내 여기저기 칠갑을 해놓는다. 외출 좀 해 보려고 하면 옷 입히기부터 신발 신기기까지 전쟁도 이런 전쟁이 없는데 그래도 바깥 공기 쐬고 싶은 마음에 어르고 달래며 참고 나가 본다. 밖에 나가서도 안아라, 내려라, 유모차 안 타고 자기가 밀겠다, 밀고 싶은데 손이 안 닿는다, 결국 아이는 짜증이 폭발한다. 차라리 이럴 때는 괜찮다. 뭔가 마음에 안 들면 울며 떼를 쓰기 시작하는데 대체 뭐가 맘에 안 드는지 알 수 없을 때는 정말 소리치고 싶은 욕구가 올라온다. 어쩌라고!

자, 여기서 돌발 퀴즈! 각자의 일상을 떠올리며 답해 보자.

## ♡온마을♡ 

#올튼 #산책 #작전 실패 #퀴즈

하… 오늘도 길고 긴 하루였어요. 날씨도 좋고 오랜만에 미세먼지도 '좋음.' 그래서 올튼이 데리고 기분 좋게 산책을 하러 가기로 마음먹었어요. 그런데 이게 웬일! 그렇게 나가자고 징징거리던 올튼이가 막상 나가자고 하니 안 간대요. "엄마 혼자 간다!" 하니까 현관에 가서 신발부터 찾는 올튼이. '작전 성공'이라고 생각했는데 착각이었죠.

옷 입기 싫다고 벗어버리는데도 전 땀을 뻘뻘 흘리며 억지로 옷을 입혔어요. 잠깐 허리를 편 사이 애써 입힌 바지에 물을 쏟았어요. 그러고는 갑자기 TV를 보겠다고 징징징.

한바탕 전쟁을 치른 후 밖에 나와서 올튼이를 유모차에 태워 집 근처 카페에 갑니다. 아무래도 강력한 달달함이 필요해서 바닐라라떼를 시켰어요. 그사이 딱 눈높이에 있는 아기 주스들을 종류별로 다 꺼내는 올튼이. 안 돼, 안 돼. "꺄아아아!" 올튼이는 돌고래 소리 지르기 기술로 사람들의 시선을 단번에 사로잡으며 엄마를 당황시키더니 주스를 손에 넣습니다. 주스를 계산하려는데, 뒤에 선 아저씨가 무서웠는지 당장 안아 달라며 까치발하고 '엄마, 엄마.' 안은 상태로 카드를 꺼내고 계산하고 진동벨을 받자니 행동도 느리고 팔도 빠질 것 같은데 계속 안으래요.
음료가 나오고 이제 좀 평화로운 시간이 오는가 했는데 엄마가 먹는 걸 먹겠다는 올튼이. 잠시 테이블 위에 올려 둔 커피잔의 빨대를 빠른 손놀림으로 낚아챈 올튼이는 결국 대형 참사를 저지르고 맙니다. 한 모금 마신 바닐라라떼를 쏟아 버렸어요. 그러곤 얼른 의자에서 내려가 얼음을 손으로 잡는 올튼이. 카페 바닥도, 올튼이 옷도, 엄마의 멘탈도 다 엉망진창 와장창. 괜히 나왔어…. 이러려고 나온 게 아니었는데.

오늘 올튼이가 한 행동을 두 글자로 말하면? 정답을 떠올리면서도 남의 자식한테 이렇게 말해도 되나 조심스러운 사람들을 위해 힌트를 주자면, 이런 경우 대개 사람들은 이렇게 말한다. "와, ㅇㅇ이다!" 젊은 사람들은 앞에 접두사 '개'를 붙여 엄청나게 ㅇㅇ임을 강조하기도 한다. 퀴즈의 정답을 알겠는가? 답은 '진상'이다. 그렇다면 올튼이는 왜 저런 진상이가 되었는지 올튼이 입장에서 잘 생각해 보자.

올튼이는 자율성이 발달하는 때라 신발을 혼자 신고 싶었다. 신발을 막 신으려는데 엄마가 방해한다. 팔다리가 길어지고 힘이 세져서 행동반경도 커졌다. 내 힘으로 물컵이 열리고 쏟아지니 신기해서 던지고 밀어 본다. 요즘 들어 감각이 발달했는지 옷이 조금만 불편해도 입기 싫고 작은 것들도 예민하게 느껴진다. 생각과 기억도 발달해서 어제 봤던 TV 프로그램도 보고 싶었을 것이다. 카페에 가니 더욱 신이 나고 엄마가 하는 건 나도 다 할 수 있다는 생각이 들었을 터다. 커피가 쏟아지니까 얼음이 나왔는데 평소 엄마가 안 주는 차가운 얼음을 보니 이때다 싶어 얼른 손에 잡고 문질러 본 것이다. 얼마나 차갑고 재밌었을까.

아이 입장에서 보면 그럴 수도 있는 행동이라고 '참을 인'을 가슴에 새겨 가며 이해해 보려 한다. 물론 엄마 입장에서는 다르지만, 최소한 진상까지는 아닌 것으로 보인다. 대중문화사전에 따르면 '진상'은 본래 '진귀한 물품이나 지방의 특산물을 윗사람에게 바치는 행위'를 의미했으나, 진상이 지닌 폐단이 부각되면서 '허름하고 나쁜 것을 속되게 이르는 말'로도 사용되었다고 한다. 근래에 들어 꼴 보기 싫은 행동을 하는 사람을 가리키는 말로도 쓰인다.

아이에게 진상이라는 말을 쓴다면 전자의 뜻에 더 가깝지 않을까. 예민둥이는 까다롭고 유난스러운 진상이 아니라 그저 자극에 민감할 뿐이라는 것을 기억한다면 화를 내기 전에 알아차릴 수 있을 것이다. 화를 내기 전에 알 수 있다면 아이 앞에서 폭발한 후 돌아서서 후회하고 자신을 책망하는 일이 조금은 줄어든다.

물론 이 모든 걸 머리로는 다 이해하지만, 가슴에선 천불이 난다. 아무리 이해해도 예민둥이를 키우는 건 너무 힘들다. 나도 순둥이 좀 키워 보고 싶은데 보통 내 아이는 예민둥이고, 순둥이는 옆집에만 산다. 이웃집 엄마는 어쩜 저렇게 우아하게 속삭이듯 말하는지 그저 신기하고 부럽기만 하다. 한때는 나도 멋진 사람일 때가 있었는데 말이다. 그녀와는 달리 악을 쓸 때 누가 들을까 봐 창문부터 닫는 지금의 내가 부끄러워 한없이 위축된다. 그런데 그게 정말 내가 엄마로서 자질이 부족해서일까. 그렇지 않다.

다음의 체크리스트로 내 아이의 순둥이지수를 확인해 보자. 나와 당신이 힘든 데는 반드시 이유가 있다. 이런 아이는 열 명도 키우겠다는 드립과 엄마가 애 잡는다는 망언 사이에서 괴로워하는 엄마들에게 다음의 체크리스트를 권한다.

| 순둥이지수 체크리스트(12~36개월) | |
|---|---|
| 감각과 인지 | 그렇다 |
| 음식, 식재료, 플레이도우나 모래를 만지며 놀 수 있다. | □ |
| 쌀과자나 자른 과일 등 덩어리진 음식을 먹을 수 있다. | □ |
| 가족 이외의 사람과 손잡기 등 가벼운 신체접촉을 할 수 있다. | □ |
| 때때로 거부하기도 하나 대부분 가족과 식탁에서 식사할 수 있다. | □ |
| 새로운 음식을 적어도 입에 넣어 보는 등 거부감 없이 시도할 수 있다. | □ |
| 목욕을 즐거워한다. | □ |
| 양치를 하거나 손톱을 깎을 때 협조할 수 있다. | □ |
| 청바지, 카디건 등 내복 재질 이외의 옷을 입을 수 있다. | □ |
| 옷이나 물건, 손 등이 더러워져도 하던 놀이가 중단되지 않는다. | □ |
| 특정 사물, 소리 등에 자지러지게 우는 등 극단적으로 거부하는 대상이 없다. | □ |
| 생체리듬 | 그렇다 |
| 사람이 아닌 다른 애착 물건을 가지고 잠들 수 있다. | □ |
| 8시간 이상 깨지 않고 밤잠을 잔다. | □ |
| 최소 30분 이상 규칙적으로 낮잠을 잔다. | □ |
| 일어나는 시각의 변화가 1시간 내외로 일정하다. | □ |

| | |
|---|---|
| 잠들기까지 걸리는 시간이 20분 이내다. | □ |
| 충분한 시간을 잔 후 잠에서 깨면 기분이 좋다. | □ |
| 아이의 일과를 대강 예측할 수 있다. | □ |
| 일주일에 4번 이상 똥을 눈다. | □ |
| 낯선 장소에 가도 대소변을 참지 않고 마려울 때 눈다. | □ |
| 배불리 먹으면 식사 시간 외에 먹을 것을 요구하지 않는다. | □ |
| 환경 수용과 문제해결 | 그렇다 |
| 한 가지 놀잇감으로 10분 이상 혼자 놀 수 있다. | □ |
| 갑작스럽게 때리거나 거칠게 달려들지 않는다. | □ |
| 친구와 같은 공간에서 문제없이 함께 놀 수 있다. | □ |
| 가족 이외 처음 보는 사람을 보고 징징거리거나 울지 않는다. | □ |
| 요구사항이 해결되면 울음을 그친다. | □ |
| 부모가 요구사항을 들어주기 전까지 잠시 기다릴 수 있다. | □ |
| 늘 사용하던 것이 아닌 컵, 수저, 이불, 옷 등을 거부하지 않는다. | □ |
| 기분이 좋은 상태로 20분 이상 카시트를 타고 이동할 수 있다. | □ |
| 거부하지 않고 유모차에 타서 이동할 수 있다. | □ |
| 낯설거나 무서울 때 와서 안기는 등 안정을 위한 방법을 시도할 수 있다. | □ |

**28개 이상 순둥이지수 ★★★★★**

당신의 아이는 순둥이. 하지만 명심하시라. 순둥이라고 힘들지 않다는 건 아니다. 당신은, 순한 아이든 아니든 아이 키우는 일은 누구에게나 어렵다는 명제의 산증인이다.

**24~27개 순둥이지수 ★★★★**

잠을 조금 덜 자든 낯을 조금 가리든 밥을 조금 안 먹든, 무엇이라도 큰 문제는 아니고 약간 고생스럽다. 그래도 고생은 고생! 당신의 그 맘, 내가 안다.

**18~23개 순둥이지수 ★★★**

중간이라고 '보통'인 것은 아니다. 이 정도면 당신은 아이 키우기가 꽤 버거웠을 것이다. 첫아이라면 더더욱. 육아서와는 다른 내 아이, 하지만 문제없다. 엄마가 힘들다는 게 문제라면 문제.

**14~17개 순둥이지수 ★★**

얘가 왜 이러나 싶고 가슴속 울화가 쌓였을 것이다. 조금만 참자. 조금이 얼마냐면, '20 - (아이 나이).' 당신의 아이가 두 살배기라면, 한 18년 더 참으면 된다. 하필이면 18을 쓴 건 전혀 의도가 없다.

**13개 이하 순둥이지수 ★**

당신이 그동안 흘렸을 눈물을 생각하면 가슴이 아프다. 당신 곁에 의지가 될 가족과 친구들이 있기를 진심으로 바란다. 다행인 건 아이는 자란다. 당신도 마찬가지로 성숙해 간다.

---

매일 오전 10시가 되면 신데렐라처럼 한 무리의 여자들이 아파트 입구에 모여든다. 소위 '등원룩'이라 불리는, 아이들 유치원에 보낼 때 흔히들 입는 리넨 원피스에 밀짚모자를 쓴 엄마들은 가볍고 우아해 보인다. 그 밀짚모자가 대형마트에서 파는 9900원짜리가 아니라 명품 브랜드라는 것과 고작 선캡 주제에 15만 원이 넘는다는 것도 아기를 낳고 나서야 알았다. 정확히는 나도 이제 슬슬 외출해 볼까, 하고 옷장을 연 후 한숨을 내뱉다가 쇼핑 앱을 열었을 때였다.

그래서인지 그들은 피로에 절어 있는 나와는 달리 힘들어 보이지도 않는다. 다 똑같이 애 키우는데 역시 나만 유난인 걸까, 내 능력이 부족한 걸까, 알 수가 없다. 하지만 아니다. 맘카페에 엄마들이 울면서 구구절절 쓴 글들이 넘쳐나는데, 나만 힘들 리가 없다. 물론 육아 여건이 좋아 조금 덜 힘든 사람이 있을 수도 있고 같은 조건에서도 더 힘들어하는 사람이 있을 수도 있다. 그건 엄마의 성향, 아이의 기질, 육아 환경의 역학에 따라 달라진다.

같은 개월 수의 아이를 키우는 엄마라고 해도 단순하게 비교하여 누가 더 힘든지 판가름할 수는 없다. 중요한 것은 내가 어떻게 느끼는가다. 듣기 좋은 꽃 노래도 내가 싫으면 싫은 것이다. '옛날에는 애 낳고 밭일하러 갔다.', '일고여덟 낳아 키웠는데 너는 이유식도 사서 먹이면서 뭐가 힘드냐.', '어린

제가 이웃집에만 산다는 그 순둥이입니다만...

순둥이에게는 광채가 날 것이니
그 자식은 니 자식이 아니렷다

이집 보내놓고 꿀 빤다.' 같은 소리는 들을 가치도 없다. 그렇게 아이 낳으라고 하던 사람들, 지금 당신 곁에 남아 육아를 돕고 있는지를 보면 당신이 왜 힘든지 답이 나온다.

내가 얼마나 힘든지 체크리스트로 확인해 보자. 단, 명심할 것. 위에서 말했듯이 이것은 엄마 '체감' 육아 난이도 체크리스트다. 절대로 '난 이렇게 상황이 좋은데 왜 육아가 힘든 걸까' 하면서 자책하지 말고 내가 어떻게 느끼는지, 얼마나 힘든지 그 자체에 집중하며 체크해 보기 바란다.

| 엄마 체감 육아 난이도 체크리스트 | |
|---|---|
| 엄마 성향과 건강 | 그렇다 |
| 원칙을 중요하게 생각한다. | □ |
| 걱정이 많은 편이다. | □ |
| 기다리는 것이 힘든 편이다. | □ |
| 자신과 타인을 비교하며 우울해한 적이 많다. | □ |
| 체력이 약한 편이다. | □ |
| 건강상 문제가 있다. | □ |
| 할 수만 있다면 아이 낳기 전으로 돌아가고 싶다. | □ |
| 잘하려는 생각이 강하다. | □ |
| 요리, 청소 등 집안일에 서툴며 하기 싫다. | □ |
| 어린 시절 부모님으로부터 받은 상처가 많다. | □ |

| 아이 기질과 건강 | 그렇다 |
| --- | --- |
| 아이의 수면 시간이 짧다. | □ |
| 아이가 잠에서 자주 깬다. | □ |
| 아이가 까다로운 편이다. | □ |
| 아이가 잘 안 먹는다. | □ |
| 아이가 엄마에게 집착한다. | □ |
| 아이가 자주 아프다. | □ |
| 아이를 재우는 게 힘든 편이다. | □ |
| 낯선 환경에 적응하는 데 시간이 오래 걸리는 편이다. | □ |
| 장기간 치료 및 관찰이 필요한 건강 문제가 있다. | □ |
| 아이가 고집과 떼가 있는 편이다. | □ |

| 육아 환경 | 그렇다 |
| --- | --- |
| 주 5일 이상 근무하는 워킹맘이다. | □ |
| 아이가 갑작스레 아플 때 맡길 수 있는 곳이 없다. | □ |
| 아이가 둘 이상이다. | □ |
| 미취학 자녀가 2명 이상이다. | □ |
| 배우자가 없거나 배우자의 역할분담에 대해 갈등이 있다. | □ |
| 아이에 대해 지나치게 관심을 가지고 개입하는 가족(시부모 등)이 있다. | □ |
| 경제적인 여유가 없다. | □ |
| 기관에 보내지 않고 있거나, 다니는 기관에 신뢰가 가지 않는다. | □ |
| 배우자와의 관계가 좋지 않다. | □ |
| 육아, 집안일, 직장 외에 신경 써야 되는 큰 고민거리가 있다. | □ |

**25개 이상 엄마 체감 난이도 ★★★★★**

당신이 걱정된다. "괜찮다.", "괜찮을 거다." 말해 주는 사람들이 필요하다. 때로는 같이 분개해 줄 사람이 필요하다. 당신 곁에 좋은 사람들이 많길 간절히 기도한다.

**18~24개 엄마 체감 난이도 ★★★★**

극기 훈련이나 해병대 캠프가 더 쉬울지 모른다. 그건 그래도 앉아서 밥 먹고 밤에 잠도 재워 주니까. 부디 당부컨대, 당신의 몸과 마음이 더 이상 상하지 않도록 영양제도 챙겨 먹고 필요하다면 주변의 도움도 받길 바란다. 최소한, 힘듦을 하소연하고 나눌 사람을 찾아보면 좋겠다.

**12~17개 엄마 체감 난이도 ★★★**

힘든 가운데서도 방법을 찾으며 헤쳐나가고 있는 당신은 박수를 받아 마땅하다. 불행인지 다행인지, 대부분이 그렇게 힘든 상황에서 고군분투하고 있다. 당신에게 동지가 생기기를 바란다.

**6~11개 엄마 체감 난이도 ★★**

그럭저럭 해내고는 있지만 역시 답답하고 어려운 순간이 종종 찾아온다. 때때로 가슴 속에 찬바람이 일고 공허하다면 그 마음을 나눌 사람들을 직접 모아 보아도 좋다.

**5개 이하 엄마 체감 난이도 ★**

다행히 당신은 육아를 많이 어려워하고 있지 않다. 힘들긴 하지만 아이가 주는 기쁨으로 힘듦이 상쇄된다. 잘하고 있다. 무언가 해내 보고 싶다면 새로운 것을 시도해 봐도 좋을 때다.

순둥이 체크리스트와 육아 난이도 체크리스트 두 가지를 모두 해 보았다면 자신의 점수를 한번 확인해 본다. 하나라도 예상과 다른 결과가 있다면 지금 당신은 아주 힘든 상황이며 어디에든 당신이 얼마나 힘들어하는지 털어놓을 쉼터가 필요하다.

여기서 상식 퀴즈 하나. 사람들이 가장 이야기하길 좋아하는 대화 주제는? 1번 경제, 2번 드라마, 3번 정치, 4번 맛집, 5번 기타. 영화나 드라마일 것 같지만 의외로 정답은 5번 기타. 그중에서도 무엇일까? 백이면 백 '자기 자신'이다.

당신은 절대 그렇지 않다며 사적인 이야기를 하는 걸 질색한다고 말할지도 모른다. 미안하지만 당신은 틀렸다. 당신이 좋아하는 대화 주제가 드라마라고 치자. 당신이 신나게 수다 떨고 싶은 드라마는 결코 어느 평론가가 극찬한 파키스탄 드라마가 아니다. 당신이 본방을 사수하고 챙겨 보는 드라마다. 결국 당신의 취향에 관한 이야기를 하는 셈이다.

사람이 자기 이야기를 하지 않고 참고 살다 보면 몸이 견뎌내질 못한다. 당신의 몸은 곧 어지럽거나 귀에서 소리가 난다거나 소화가 안 되거나 하는 이상 신호를 보내며 경고할 것이다. 병원 갈 짬이 없어 시일이 지나고 증상이 나타난 뒤 그제야 병원에서 진단을 받는다. 그리곤 깨닫는다. 아, 나 그동안 너무 참고 살았구나. '임금님 귀는 당나귀 귀' 이야기는 현실이다. 우리 곁에는 지금 나만 바라보는 어린 자식도 함께 있지 않은가? 몸과 마음의 건강은 의무다. 내 몸과 마음의 상태가 내 아이와 배우자에게 어떤 영향을 미치는지 생각해 본다면 당장 행동으로 옮겨야 할 필요가 있다. 내 이야기를 시작해야 한다. 그것도 지금 당장!

# 누구라도 곁에 있다면

어린아이를 키우는 엄마 중에 육아의 고독감에 빠져 보지 않은 사람이 있을까? 아이를 키우는 많은 엄마가 '힘들다'는 말만큼 '외롭다'고 토로한다. 대부분의 엄마들은 혼자서 아이를 돌보느라 매일 외로움을 느낀다. 하루를 보내고 새날이 밝아오면 또 새롭게 외롭다. 주변에 육아를 함께할 가족들이 많다면 굉장히 운이 좋은 편이지만, 그렇다고 외롭지 않은 것은 아니다.

육아는, 나 자신이라고 믿어 왔던 세계를 모두 '아이'라는 존재로 갈음하는 충격적인 경험이다. 그래서 늘 북적이는 가족의 도움 속에서 아이를 키워도 해소되지 않는 내면의 외로움이 있다. 아무리 많은 도움을 받는다고 해도, 아이와 가장 친밀한 주 양육자만이 가지는 책임감, 그로 인한 부담감이 엄마에게 따라붙는다. 주변의 조력자들은 해결할 수 없는 문제다. 이해라도 해 주면 다행인데, 그마저도 여의치 않다. 순수하게 엄마가 원하는 도움만 쏙쏙 골라 주는 사람은 없다. 입으로만 이렇게 저렇게 해야 한다고 말한다. 그래서 많은 엄마가 비슷한 또래를 키우는 다른 엄마들과 육아 모임을 만들곤 한다. 비슷한 처지인 사람들과 함께하면서 위안을 받기 때문이다.

우리는 흔히 '육아 모임' 하면 부모와 아이가 한 쌍으로 놀이터, 키즈카페, 집 등에서 만나는 형태를 떠올린다. 조리원 동기, 놀이터에서 자주 마주치는 아이 엄마, 같은 어린이집에 보내는 엄마, 그도 아니면 아파트 안에 아이를 데리고 지나가는 엄마 모두가 모임의 대상이 된다. 그렇게 만나 모임을 시작하고, 어느 한 공간에서 만나 아이들은 아이들끼리 노느라 정신없고, 엄마들은 엄마들끼리 수다를 떤다. 어수선한 분위기여서 어디에도 집중하기 어렵다. 집중할 수 있다면 십중팔구 아이는 뒷전일 테다. 목소리가 큰 여왕벌을 필두로 지속되는 모임이라면 원치 않은 시간까지 특정 장소에 어쩔 수 없이 머물러야 하는 상황이 벌어지기도 한다.

아이들의 모습은 어떠한가. 아이들은 그저 땀을 뻘뻘 흘리며 갈등 중재 없는 무질서 속에서 필사적으로 노는 듯하다. 장소는 키즈카페인데 주인공은 엄마들이다. 오로지 말할 대상을 찾아 생겨난 이 모임에서는 다들 분위기가 깨질까봐 두려워한다. 은근한 자랑에도 적극적으로 호응해야 한다. 남편 욕을 가장한 남편 자랑에도 적당히 맞장구치고 적당히 부러워해야 한다. 아이들이 싸우다 울면서 달려와도 "괜찮아, 그냥 놀아." 하며 아무렇지 않다는 듯 행동해야 균형이 유지될 수 있다. 다른 엄마의 아이를 혼이라도 내는 날엔? 당신을 제외한 새로운 단톡방이 생기고, 모임 구성원들은 도무지 알 수 없는 이유로 당신의 인사를 받아 주지 않을 것이다. 아이들을 위해 키즈카페에 모인 것 같지만, 실상은 아이들로부터 간섭받고 싶지 않은 엄마들을 위한 모임이다. 그들에게 딱히 다른 대안도 없다. 기분이 상하거나 불필요한 감정 소모로 그만두고 싶어도 한번 시작하면 쭉 가야 한다. 한 번 들어온 육아 모임에서 제 발로 나간다는 건 외톨이를 자처하는 일이기 때문이다. 문제는 아이가 아니라 바로 엄마들 사이에서 생긴다. 그리고 그 문제는 모르는 사이에 퍼져 나가 아이들 관계에도 영향을 미친다.

이런 모임 말고 '함께 아이를 키우는 부모 모임' 같은 건 없을까? 당연히 있고 말고. 바로 '공동육아'다. 공동의 육아철학을 바탕으로 부모들이 모여 공동육아 협동조합을 만드는 방식이다. 이러한 공동육아는 아예 어린이집을 만들어 교사까지 선발하여 어린이집의 기능을 대체하기도 한다. 기존의 어린이집은 행사가 있을 때 일시적으로 부모를 참여하게 했다면 공동육아 협동조합은 교사와 학부모가 아이 교육에 관한 공동의 목표를 세우고 운영 전반에 의견을 내며 직접 참여한다. 즉 모든 가족이 운영에 참여하여 출자금, 조합비 등 운영자금을 모으고 실제적 운영도 함께한다. 하지만 지역사회의 일원이 아니라면 지리적 여건상 참여하기가 어렵고, 가까이에 육아공동체가 있더라도 시간적, 경제적 여건이 허락하지 않으면 참여가 어렵다. 특히 맞벌이 가정의 경우 특정 직종을 제외하고는 불가능에 가까워 공동육아는 선택지가 될 수 없는 경우가 많다.

우리는 모두 내 아이를 희생시키지도 않고, 나를 소모하지도 않고, 현실적으로 가능한 그런 육아 모임을 원한다. 온전히 존중받고 서로 아끼는 모임, 더 나아가 당신을 더 당신답게 하는 육아 모임이 있다면 얼마나 좋을까?

# 혼자는 싫지만 만남은 부담스러워

역병이 돌던 조선 시대도 아닌데, 21세기에 전염병이라니, 사람이 죽는다니? 내게는 맥주 이름으로 더 익숙했던 '코로나'가 우리의 삶을 잠식했다. 코로나19 발생 전후로 우리의 삶은 180도 달라졌다. 사회적 거리 두기로 언택트(비대면) 시대가 펼쳐졌다. 왜 언택트여야 하는지 구구절절 설명하지 않아도 다들 알겠지만 육아 모임의 측면에서는 구구절절한 설명이 필요하다. 왜? 육아 자체가 구구절절하잖아.

## 아이 친구 만들고, 나는 호구가 됐다

지역 맘카페나 아파트 커뮤니티를 이용하면 쉽게 오프라인 모임을 만들 수 있다. 지역을 기반으로 한 오프라인 모임은 아이를 동반하는 경우가 매우 잦은데, 속상하게도 나도 내 아이도 호구가 되는 일이 생길 수 있다. '호구'란 말 그대로 이용하기 좋고 어떻게 대해도 특별히 불만이 없어서 같이 지내기 편한 사람을 말한다. 한때 한 성질 하던 내가 호구가 된 기분이라니. 그런데 아이마저 호구가 되는 상황이 심심찮게 생긴다.

'저 녀석 또 우리 애 괴롭히네. 쟤네 엄마 왜 가만있어, 애 혼 안 내? 이거 내가 진짜 한마디 해, 말아?'

만약 다른 아이에게 맞거나 장난감을 빼앗겨 내 아이가 울고 있는데 상대 엄마가 중재하지 않으면 어떻게 하겠는가? 앞으로 안 볼 사이도 아니니 뭐라 말하기도 불편하고 그렇다고 속상한 마음으로 계속 만나기도 어색하다. 한마디 할 수 있으면 좋겠는데 뭐라고 해야 할지, 성격상 먼저 말 꺼내기가 어려울 때가 있다. 내 아이가 피해를 보고 속상해하는데 말 한마디 못 하고 당하기만 하는 내가 왠지 바보가 된 느낌이어서 더 힘들다. 반대로 내 아이가 친구를 괴롭히거나 힘들게 하여 그 모임에 나가기 불편해질 수도 있다. 안 그래도 미안한 상황인데 아이 친구의 엄마가 내 아이를 향해 불편한 말이라도 한마디 던지면 방어도 못 하고 괜스레 마음만 삐딱해진다. 이렇게 철저히 '아이 친구 만들기'를 목적으로 한 모임은 엄마들끼리 속상한 일들이 쌓이거나 아이들끼리 갈등이 생기면 바로 와해되기 쉽다.

### 돈 쓰고 마음 쓰고 나는 찌질이가 됐다

아무리 친해도 서로 주고받는 씀씀이가 균형을 이루지 못하면 알게 모르게 서운함이 쌓인다. 물론 자신도 모르게 상대가 나를 그렇게 생각할 수도 있다. 이쪽이든 저쪽이든 막말로 찌질해지는 거다. 그 균형이라는 게 참 어려워서 만날 때마다 칼같이 더치페이하자니 너무 정이 없고 회비를 걷자니 누군가가 관리해야 한다. 한 번씩 서로 주고받으며 사는 것도 금액을 비슷하게 해야 하니 피곤하다. 그렇다고 나에 대한 이런저런 말이 나오는 게 신경 쓰여 관계를 끊기도 어렵다.

'아니, 내가 두 번 사면 적어도 한 번은 사야 하는 거 아닌가? 저 집 애는 우리 애 간식 먹을 때만 내가 갑자기 자기 이모야, 뭐야. 저 엄마는 왜 지갑을 안 가져왔다며 웃기만 해!'

오늘도 놀이터에서 만난 그 집 아이는 사람 속도 모르고 "이모! 저도 간식 주세요."라며 말한다. 아이가 먹는 게 아까운 것도 아닌데 기분은 묘하다. 그리고 이런 나 자신이 속 좁게 느껴져서 더 별로다.

### 귀에 피나게 들어주고 나는 빙구가 됐다

아이가 자라 어린이집이나 유치원에서 생활하면 자연스럽게 하원 후 놀이터에서 아이를 함께 놀게 하거나 친구네 집에 놀러 가는 등 엄마들과 어울리게 된다. 엄마들이 모이면 또 다른 아이, 그 아이의 부모, 기관이나 선생님 등 뒷이야기를 하게 될 것이다. 정보 공유 차원에서 이야기할 수도 있지만 뜻하지 않게 자신과 다른 생각에도 맞장구를 쳐야 하는 상황도 생긴다.

'저 엄마는 인상은 좋게 생겨서 입만 열면 뒷담화네. 어디 가서 내 욕도 저렇게 하는 거 아냐?'

솔직히 뒷담화만큼 재밌는 것이 어디 있으며, 없는 데서는 나라님 욕도 한다고 하지 않던가. 다만 갈등에 휘말릴 수 있어 문제가 될 만한 말을 듣고도, 반박하거나 내 생각을 표현하지 못한 채 그냥 웃으며 듣고만 있게 된다. 결혼식 촬영 이후로 이런 가식적인 표정을 또 짓게 될 줄이야.

### 새로운 육아 모임, 어디 없을까?

세상에는 좋은 사람도 많고 아이를 통해 엄마의 인생 친구를 사귈 수도 있다. 하지만 아이의 인간관계는 아이가 중심이 되고, 엄마의 인간관계는 엄마 자신의 것일 때 더욱 건강한 관계가 된다는 사실을 잊지 말자. 또한 나와 내 가족, 내 고민, 내 생각, 내 삶을 오픈하는 것은 아주 조심스럽게 접근해야 하는 문제다. 이 책을 통해 소개할 랜선 모임은 그런 걱정에서 조금은 자유로울 수 있다. 모임의 구성원들이 자신의 삶과 육아에 관한 생각을 공유하는 과정을 차근히 거친다면 가장 가까운 가족에게도 말하지 못하는 고민을 나눌 수 있는 멋진 친구가 될 것이다.

랜선 육아 모임 '온마을'이 막 시작될 무렵 코로나19가 퍼지기 시작했다. 많은 가정에서 온전히 집에서만 아이를 돌봐야 해서 여러모로 어려움을 겪었다. 특히 코로나 이후 팬데믹이 심각했던 몇 달은 '관계 맺기'라는 삶의 중요한 부분을 지속하기가 어려운 시간이었다. 타인과의 접촉이 조심스러울 수밖에 없는 상황에서 우리의 육아 모임은 더욱 빛이 나기 시작했다.

코로나는 향후 20~30년에 걸쳐 일어날 변화를 짧은 시간에 앞당겼다. 처음에는 갑작스러운 변화에 우왕좌왕하던 사람들도 이제는 차츰 적응해가고 있다. 학교 수업, 회사 업무, 각종 공연, 교회 예배, 물품 구입같이 타인을 대면하지 않고는 이루어질 수 없던 일들이 내 집, 내 노트북과 스마트폰 앞에서 실현되고 있다.

이제는 왠지 편하게 느껴지기까지 하다. 포스트 코로나, 코로나 이후의 삶은 코로나 이전으로 돌아가지 않을 것이다. 우리는 이미 비대면의 삶을 살고 있고, 그 편리함을 경험했다. 랜선 육아 모임도 마찬가지다. 낯선 사람들과의 랜선 육아가 어색하기도 하고 우려되는 부분도 있겠지만 한 번 제대로 운영해 보면 꽤 매력 있는 형태의 육아 모임이라는 사실을 알게 될 것이다.

그래서 아이를 키우는 모든 이들에게 랜선 모임을 권하고 싶다. 아니, 자녀 유무를 떠나 관계 맺기를 원하는 모든 이들에게 권한다. 다시 거리낌 없이 사람들을 만날 수 있는 세상이 오더라도 우리는 온마을을 지속해 나갈 것이다.

### 랜선 육아 모임과 당신의 궁합

물론 모두에게 인간관계를 맺는 모임이 필요한 것은 아니다. 사람은 각자 필요로 하는 관계의 크기가 다른데, 어떤 사람은 최소한의 접촉만으로도 충분히 행복해한다. 오히려 혼자 지내는 시간을 좋아하는 사람도 많다. 또 관계의 균형도 중요하다. 조건 없이 사랑이 샘솟는다는 점에서 엄마와 아이의 관계는 대단히 특별하지만 엄마와 아이 모두 다른 결을 가진 관계가 필요하다. 만약 당신이 이미 신뢰를 기반으로 한 작고 소박한 관계들을 만들어 가고 있다면, 당신에게는 딱히 새로운 육아 모임이 필요하지 않을 수 있다. 서로의 영역을 지켜 주면서 조금씩 가까워지고, 함께 시간을 보내는 일이 자연스럽고 익숙하다면 말이다. 그러나 만약 같이 밥 먹고 아이들을 서로 어울려 놀게 하고, 이런저런 이야기를 하는 것 외에 무언가 함께할 수 있는 일이 있고, 자주 보지 않아도 관계의 단절을 걱정하지 않는 모임 혹은 그런 사람들이 지금 곁에 없다면 새로운 육아 모임이 당신의 일상을 빛나게 할 수 있다.

| 랜선 육아 모임 적합도 테스트 | 자주 (2점) | 가끔 (1점) | 전혀 (0점) |
|---|---|---|---|
| 스마트폰을 사용한다. | □ | □ | □ |
| 육아가 지루하다. | □ | □ | □ |
| 다른 사람은 아이를 어떻게 키우는지 궁금하다. | □ | □ | □ |
| 외로움을 느낀다. | □ | □ | □ |

| | | | |
|---|---|---|---|
| 털어놓을 곳이 필요하다. | ☐ | ☐ | ☐ |
| 자신이 그저 그런 아줌마 같다. | ☐ | ☐ | ☐ |
| 아이가 아닌 어른과도 대화하고 싶다. | ☐ | ☐ | ☐ |
| 관계 맺는 것에 서툴다. | ☐ | ☐ | ☐ |
| 대면 모임이 부담스럽다(코로나, 개인 사정 등으로 인해). | ☐ | ☐ | ☐ |
| 아이에 관해 이야기하고 싶다. | ☐ | ☐ | ☐ |
| 아이 친구 말고 나의 친구가 필요하다. | ☐ | ☐ | ☐ |
| 누군가에게 조언을 받고 싶다. | ☐ | ☐ | ☐ |
| 남편과 대화가 잘 안 통한다. | ☐ | ☐ | ☐ |
| 무엇을 해도 흥이 안 난다. | ☐ | ☐ | ☐ |
| 생산적인 무언가를 시작해 보고 싶다. | ☐ | ☐ | ☐ |

**결과 확인하기**

8점 이상: 당신은 랜선 육아 모임에 적합하다.

7점 이하: 당신은 랜선 외 다른 곳에서 충분히 삶의 균형을 맞추고 있으나 무언가 새로운 시도를 원한다면 도전해 볼 것을 권한다.

# 맘카페에서 랜선 육아 모임으로

육아 모임을 만들고 싶은데 어디에서 모임 구성원을 찾을지 막막하다. 이때 가장 쉽게 떠올리고 접근하기 쉬운 곳이 지역을 기반으로 한 맘카페다. 맘카페는 육아 정보를 제공하는 면, 또는 육아 중인 엄마들의 정서적 지지 면에서 볼 때 우리가 추구하는 랜선 육아 모임과 비슷한 기능을 한다. 하지만 맘카페 그 자체는 정답보다 오답이 될 확률이 높다.

## 맘카페, 울며 밤새 검색하고

'불러도 안 쳐다보고 눈 맞춤이 잘 안 되는 것 같네. 9개월 아기 발달, 9개월 눈 맞춤, 아기 호명 반응, 키워드를 달리하여 검색하다가 설마설마했는데,

맙소사, 자폐? 우리 아이 자폐인 걸까? 나 이제 어떡해. 우리 아기 불쌍해서 어떡해. 가만 보자, 생각해 보니까 징조가 많았잖아. 옹알이도 잘 안 하고 밤에 자주 깨고 장난감에 관심 없고 밥은 더럽게 안 먹고 소리 나는 장난감에 집착했는데… 세상에나, 이거 다 자폐 증세네. 엉엉.'

밤새 울면서 '자폐 치료', '자폐 예후', '자폐 서울대병원 대기', '자폐 진단 가능 개월'을 검색한다. 쪽잠을 잔 후 다음 날 아침 피곤에 절은 몸을 일으키자 아기가 '음맘마' 하면서 배시시 웃는다. 이렇듯 어느 날 아이가 신나서 까치발로 돌아다니면 자폐가 되고, 원래 있던 하얀 반점은 백반증이 되고, 감기로 계속된 열은 백혈병이 되어 나를 잠깐이지만 지옥으로 몰아넣는다.

반면 랜선 육아 모임에서는 이런 불상사가 일어나지 않는다. 0.001퍼센트의 희박한 확률은 제하고 (그런 일이 일어날 수도 있지만 그런 모든 경우의 수를 고려하면 엄마가 신경쇠약으로 병에 걸린다) 통상적으로 우리가 경험하는 일에 관해 이야기한다. 열이 안 떨어지면 어린아이들이 흔히 겪는 요로감염이나 돌발발진을 먼저 의심하고, 무엇을 챙겨서 어느 병원으로 가면 될지를 조언하지, '무조건 대학병원이요.'를 외치지 않는다. 어린이집 교사가 수첩에 마음에 걸리는 말 한마디를 썼다고 해서 "그 선생 옷 벗게 만들어야 해요. 당장 남편 동반해서 쳐들어가세요!"라고 부추기지 않는다.

## 맘카페, 몰래 지켜보며 혼자 상처받고

맘카페에서 몰래몰래 다른 사람의 인생을 훔쳐본다. 어쩌다가 눈에 띈 그녀는 알고 보니 우리 아파트 사는 아이 엄마. 이따금, 아니 꽤 자주 그녀의 글을 정독한다. 남편 병원에 나타난 진상 환자 이야기. 오호라, 남편이 피부과 의사였구나. 다음 글. 하원 후에 학원 가기 전 간식을 뭐 먹이냐고 묻네. 근데, 뭐? 다섯 살이 학원을 가는데다가 벌써 한글을 읽는다고? 내 시선이 나도 모르게 자기 아빠처럼 소파에 가로로 누워 TV 시청 중인 아이에게로 꽂힌다. 이어진 글들. 캠핑카 구입기, 그림같이 인테리어가 된 집, 결혼 10주년 선물. 하, 인생이 왜 이렇게 불공평하냐. 늦게 퇴근하고 먹을 거 없냐고 하는 우리 남편님, 오늘따라 진짜 짜증 난다.

랜선 육아 모임은 각자의 인생 속 비하인드를 나눈다. 맘카페나 인스타그램이 타인 인생의 하이라이트만 보여 주어 나를 패배자로 만든다면 랜선 육아 모임에서는 추운 촬영장에서 언 손을 호호 불며 대기를 하는 엑스트라들의 삶까지 조명한다. 누구도 화려함만 누리고 살지는 않는다. 스튜디오에나 있을 법한 원목 가구 옆에서 무채색 리넨 원피스를 입은 채 웃고 있는 아이 사진 아래 모두가 극찬하는 댓글을 달고 원피스 정보를 묻는다. 하지만 정말 예쁜 건 아이가 아니라 바로 그 사진. 아이는 오히려 불편하고 위험하고 어색해 보인다. 처음 만들어 봤다는데 아이 식판 꾸밈새는 잡지에 나오는 사진 뺨친다. 저걸 만드는 동안 아이는 뭘 하고 있었을까.

랜선 육아 모임은 잘 보이려고 찍는 한 장의 광고사진이 아니다. 일상 속에서 아이와 함께 살아가며 순간순간 찍어낸 스냅사진이다. 남편과 다투고 너무 속상해 몰래 화장실에서 울고 있는데, 문틈 사이로 빼꼼히 나를 바라보는 아이 모습에 웃음이 터져 한 장 찰칵. 밥 먹다가 잠들어 버린 아이 모습에 어이없어 또 한 장 찰칵.

## 맘카페, 우쭈쭈와 송곳을 양손에 쥐고

남편, 시댁, 어린이집, 학교, 엄마 사이 갈등, 아이 친구와의 갈등 같은 글을 올리면 글 속의 대상은 이내 죽을죄를 지은 대역죄인이 된다. 다 같이 돌려 까고 패대기를 치는데, 어느 날 어떤 포인트에서 갑자기 내가 그 대상이 되기도 한다. 하소연할 겸 세입자 입장에서 까다로운 집주인 이야기를 올렸는데, 다들 집 한 채씩은 있는 것인지 집중포화를 받고 녹다운. 이런 경험을 몇 번 하다 보면 조용히 '눈팅'만 하게 된다. 이런저런 이유로 맘카페에 글쓰기가 꺼려지지만, 마땅히 갈 곳이 없다. 오늘은 좀 더 내 위주로 써 보자. 객관적인 조언 얻으려고 양쪽 입장 다 썼다가 댓글폭격을 받았잖아. 그런데 어찌 된 일인지 내 위주의 글을 올린 후 마주한 결과는 또다시 댓글폭격 및 신상 털리기다. 이쯤 되면 모든 글을 지우고 숨지 않을 수 없다.

랜선 육아 모임은 우선 서로에 대해 잘 안다. 밑도 끝도 없이 서너 줄의 정보만으로 판단하지 않는다. 그간 주고받은 글과 댓글로 그 사람이 어떤 고민을 하고 있는지 알기 때문에 조심스럽게 자기 생각을 전할 수 있다. 물론 내 아이를 조건 없이 예뻐해 주고, 있는 그대로 나를 바라봐 주기 때문에, 이런 글을 써도 되나 고민하지 않고 글을 올릴 수 있다는 것도 맘카페와의 차이점이다. 익명의 공간에서는 실제 내 앞에서도 저렇게 똑같이 말할 수 있을까 싶을 정도로 눈살 찌푸려지는 댓글이 많지만 랜선 육아 모임에서는 그런 의미에서 청정지역이다.

## 맘카페, 광고와 진짜 삶 사이에서

아이가 잠을 너무 안 자서 걱정이라는 글에 따뜻한 위로의 말을 담은 댓글을 보고 마음이 훈훈해지려는데 읽다 보니 이상하다. "저는 ㅇㅇ영양제가 좋더라고요." 밑도 끝도 없이 '갑분홍보'. 그래도 좋다고 하니 속는 셈 치고 한 번 찾아본다. 좋다는 후기가 넘치고, 댓글에 찬양 일색이다. 오, 정말 좋은가? 잠깐만. 이 사람 아까 그 사람인데? 닉네임이 같다. 다른 사람의 닉네임도 클릭해 본다. 이전 글 보기, 이전 댓글 보기. 와, 이거 꾼들이구먼! 자기들끼리 아이디 바꿔 가며 글 올리고 댓글 달고 또 새로 글 올리고 우르르 몰려다닌다. 부족한 시간 쪼개 검색하는 불쌍하고 순진한 엄마들을 낚고 있구나.

랜선 육아 모임은 내가 해 보고, 먹여 보고, 써 보고 진짜 좋은 것들을 추천한다. 별로였다면 별로라고 쓴다. 왜냐면 어떠한 금전적 이득도 취하지 않기 때문이다. 정보 공유 그 자체가 목적이고 소통의 방법이다. 좋은 건 좋다고, 아닌 건 아니라고 쓴다. 읽는 사람 역시 '아 저 엄마는 이러이러한 성향이라서 저런 선택을 했구나.' 하며 의견 나눔에 그저 감사할 뿐이다.

## 2부

# 함께할수록 즐거운 동맹육아

# '온마을'이 시작된 세 가지 이유

온마을은 엄마라면 공감할 '아, 외롭다' 하는 마음에서 시작되었다. 올튼엄마 도토리는 새로운 관계를 맺고 이어 가는 것을 어려워해서 모르는 사람이 그녀에게 다가오면 부담을 넘어 두려움을 느끼기도 한다. 그런데도 도토리가 먼저 '온마을' 밴드를 만들고 육아 모임을 하자고 나선 것은 육아의 막막함과 외로움이 그만큼 컸기 때문이다. 24시간 아이와 함께하는데도 늘 외로웠다. 물론 배우자가 함께하지만 그럼에도 육아는 참 외롭다. 육아는 1+1, 늘 내 곁에 아이가 있다. 그 끊을 수 없는 고리가 엄마들을 사회로부터 고립시킨다.

온마을을 시작하게 된 두 번째 이유는 궁금증이었다. 다른 집 엄마들은 도대체 아이들이랑 뭘 하고 지내는지, '육아는 템빨'이라는데 신박한 육아 아이템은 없는지, 어떻게 해야 채소를 잘 먹일 수 있는지 등 궁금한 것들을 해소하고 싶었다. 그 시기 온마을 구성원 모두가 이런 사소한 궁금증을 해결하고자 시간이 날 때마다 블로그와 맘카페, 인스타를 헤맸다. 그런데 '와, 이거 진짜 좋다!' 하는 순간 허탈하게도 글 마지막에 깨알 같은 크기로 '이 글은 업체로부터 제품을 제공받아 작성되었습니다.'라는 문장이 쓰여 있기 일쑤였다.

온마을을 통해 활발히 소통하다가 나중에야 알게 된 세 번째 이유, 우리 모두 아이에 관한 이야기를 쏟아놓을 곳이 필요했다는 것이다. 우리 아이가 오늘 이렇게 했다는 소소한 일상 공유 말이다. 자랑이든 걱정이든 궁금증이든, 마음 놓고 털어놓을 안전지대가 필요했다. 이 안전지대로 인해 육아의 외로움을 덜고 서로를 위로할 수 있었다. 아직도 온마을의 아이들은 어리고 남은 육아의 앞길이 막막하지만 우리에게는 언제든 털고 다시 일상으로 돌아갈 수 있는 공간, 온마을이 있다.

# 삶은 원래 시시한 것

우리는 그렇게 온마을에 모여들었다. 그리고 온마을은 '시답잖은 일상 이야기'로 복닥거렸다. 남들이 보기엔 시시할 수 있는 아이와의 평범한 일상, 나조차도 따분하게 느꼈던 그 일상을 글과 사진으로 기록하는 순간, 그것은 별 볼일 없는 이야기가 아니라 우리들의 삶을 연결해 주는 개그 코드가 되었고 우리만의 유행어가 되어 팍팍한 일상 속에서도 홀로 빙긋 미소 짓게 했다. 나도 내 아이의 삶도 보잘것없다는 우울감에서 벗어나 삶이 원래 그런 것이고, 그래서 이대로도 괜찮다는 사실을 체감했기 때문이다. 가치 있는 사람이라는 느낌, 잘해 나가고 있다는 느낌, 내 삶을 좋아한다는 느낌, 실로 오랜만이었다.

설거지하다가 아이의 비명에 놀라 뒤돌아보니 우유를 떨어뜨려 콸콸 쏟고 있었다. 예전 같으면 속으로 화가 났을 법한 상황인데도, 온마을을 시작한 이후론 '이거 온마을에 올리면 재밌겠다.' 하고 재빨리 사진을 찍는 여유가 생겼다. 사진을 찍고 나서도 손이 엉덩이로 날아가는 대신 "우유가 쏟아졌네, 같이 치우자." 하고 가볍게 말할 수 있게 된 것은 고맙게도 엄마로서의 성장 덕분이다. 실제의 삶을 타인과 공유하는 경험은 짜증 나고 무겁고 심각했던 내 삶을 가볍게 바라보게 했다.

온마을의 엄마들이 남긴 일상을 통째로, 또 작게 잘라 그림과 함께 여기에 담아 보았다. 모두 온마을을 구성하는 작은 부분이며, 또한 각자 자신들의 평범하지만 소중한 삶의 기록이다.

**온마을 둥지 대문**(땅콩의 손글씨 재능 기부)

**엄마** 연두
**아이** 난이

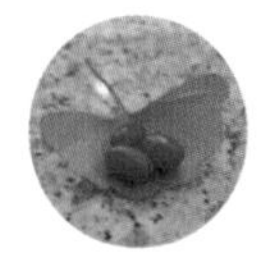

순둥이지수 ★★★★★
육아 체감 난이도 ★
성향 **사부작사부작**

**좋은 생각이 났어**

아빠와 오랑우탄을 좋아하고 하루 종일 행복한 한편 늘 무언가 시위 중인 세 살.

**엄마** 완두
**아이** 심쿵

순둥이지수 ★★★★
육아 체감 난이도 ★★
성향 **적응력, 무사태평**

**엄마, 빨리 와**

집에서는 뭐든 엄마랑 같이 하고 싶은 엄마 껌딱지, 어린이집에선 선생님이 최고인 적응의 귀재.

**엄마** 도토리
**아이** 올튼

순둥이지수 ★★
육아 체감 난이도 ★★★
성향 **섬세함, 감정 풍부**

**엄마, 아이땨(아이스크림)**

로보카 폴리를 좋아하여 구조하는 놀이를 즐김. 깔끔쟁이. 감정과 표정이 풍부함.

**엄마** 여름
**아이** 봉봉

순둥이지수 ★★★
육아 체감 난이도 ★★★
성향 **안정 지향적, 쾌활**

**엄마, 얼른 오세요**

낯선 것에 대한 겁이 많지만 기분 좋으면 흥과 표현이 넘치는 까불이.

**엄마** 땅콩

**아이** 준

순둥이지수 ★★★★
육아 체감 난이도 ★★
성향 **교장선생님 스타일**

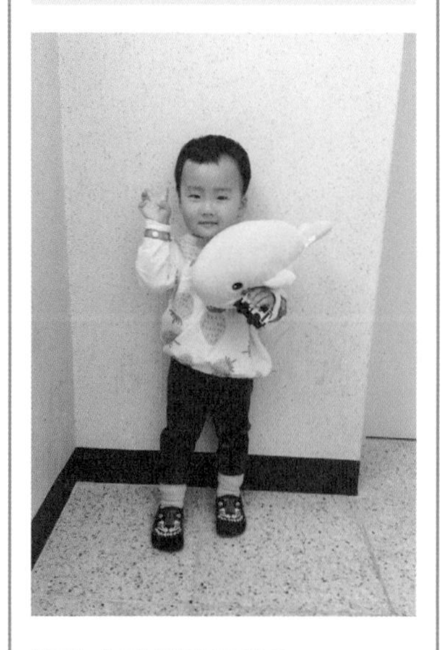

**엄마, 추피 읽어 주세요**

추피홀릭. 뒷짐 지고 산책하는 것, 무당벌레를 사랑하고 토끼에게 양배추 주는 것을 일상으로 하는 '초식남.'

**엄마** 꼬모

**아이** 윤

순둥이지수 ★★★★
육아 체감 난이도 ★
성향 **행동파 미소천사**

**엄마, 잘자. 사랑해**

누나바라기에 매일이 즐거운 눈웃음쟁이. 몸이 먼저 나가는 행동대장이라 이마에 생기는 멍은 일상임.

엄마 나무

아이 또또

순둥이지수 ★★★

육아 체감 난이도 ★★★

성향 섬세함

**엄마 안(안아 주세요)**

울다가도 음식 얘기가 나오면 울음을 뚝 그치나, 엄마가 주방에 들어가는 건 싫어하여 그때마다 안아 달라고 매달림.

엄마 비엔

아이 꼬북

순둥이지수 ★★★★

육아 체감 난이도 ★★

성향 신중함

**띠까, 까까**

바퀴 달린 것을 좋아해서 깨어 있는 대부분 시간을 탈것들과 함께함.

**엄마** 캔디

**아이** 새로이

순둥이지수 ★★★★

육아 체감 난이도 ★★

성향 **상큼발랄, 해맑음**

**안아줘, 안뇽, 빠빠이, 물**

호기심이 많아 새로운 것을 열심히 탐구함. 그걸 못 하게 하면 울음 폭발! 엄마에겐 늘 달려와서 안김.

# 온마을엔
# 왁자지껄이 산다

♡온마을♡ 

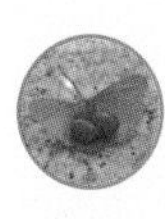 **연두_난이**

#난이

아침밥 안 먹겠다고 해서 '그래라' 했거든요.

아침을 거부한 자의 최후입니다.

자발적 완밥. 이 녀석, 엄마가 네 머리 위에 있다.

11시부터 울었어요, 배고파서.

밥 다 먹은 기념으로 아이스크림을 후식으로 줬어요. 위에 초코쿠키도 뿌려 줍니다.

자, 이것은 심쿵이네 소스다. 먹어 보아라!

먹기 싫으면 먹지 말아라! 엄마 먹으면 되니까:)

토마토가 한 개밖에 없어서 솔직히 좀 남기기를 바랐음.

맛있는 거 제대로 먹어 보자. 빵에 발라먹으라는 완두의 댓글을 보고 잡곡 바게트에 발라서 치즈 갈아 오븐에 구워먹으니 우와앙 맛있어요.

나혼자산다에 한혜진이 화사와 고기를 구워먹다 말해요. '화사가 맛있게 먹는 줄 알았는데 맛있는 걸 먹네!'

맥락이 맞나 모르겠는데 암튼 먹으면서 이 대사가 떠올랐어요. 아, 심쿵이는 맛있는 걸 먹는구나, 완두는 맛있는 걸 많이 드셔보셨구나. 맛있었어요, 엄지 척.

애호박파스타도 진짜 맛있었는데 그것보다 훨씬 더더더. 믿고 보는 완두&심쿵이네 레시피.

난이가 요즘 5시 반에 일어나요.

제가 너무 행복하겠죠? ㅋㅋㅋ

자기도 노곤한지 아침에 뒹굴뒹굴하고 누워있어요.

그래서 오전 10시쯤 되면 전 어쩔 수 없이(?) 잠에 빠지고 맙니다.

빈백에 비스듬히 누워서 입으로 놀아주다가

어느 순간 잠 드는데 눈떠보면 난이 소리가 안 나고

놀래서 보면 빈백에 머리대고 자고 있어요.;;;

에라 모르겠다, 이미 아무거나 먹었지만 아무거나 먹자. 냉동 프리첼(?) 개시. 안에 크림치즈가 들었는데 단짠+고소합니다.

실바니안을 개시했어요.

다음에 선물한다면 땅콩이 추천한 플레이모빌을 사는 게 좋을 것 같아요.

구성이 더 다양해서요. 비싼 게 흠.

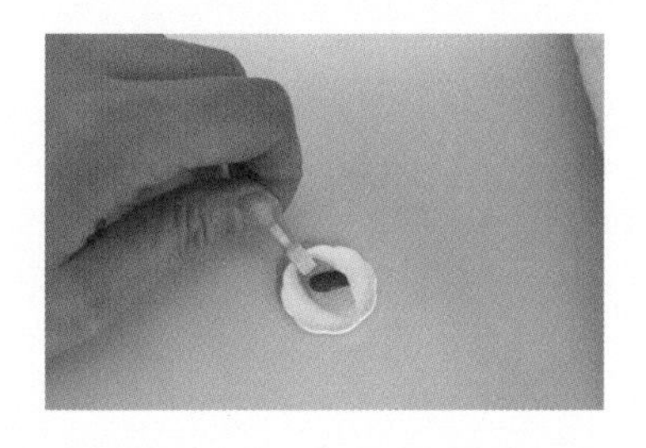

너무 작아요;;;;;;; 포크가 귀이개만 해요.

다행히 잘 가지고 놀아요.

아직 다양한 역할놀이는 못 하지만

토끼를 재우고 먹이고, 난이 안 놀 때

저도 좀 갖고 놀고.^^

목욕 놀이용 크레용을 샀어요.

참 세상은 넓고 돈 쓸 일은 많네요.

나는 그렇게 안 키울 줄 알았는데 이러다 결핍을 모르는 아이로 자랄지도 모르겠어요.

근데 좋아하면서 노는 모습 보고 싶어 자꾸 삽니다.

요즘 해야 할 일이 있어서 아주 정신이 없어요.

밴드 글도 잘 못 쓰고 미안한 마음입니다.

그리고 지난번에 교통사고 났을 때 걱정해 주셔서 감사해요.

다행히 과실 0프로 나왔고, 병원 가야 하나 했는데 하나도 안 아파요. 너무 다행이에요. 난이도 물론 팔팔하구요.

팔팔하다고 쓰니 생각나는 최근 에피소드-

조리원 동기 모임 중 제일 큰아이가 14킬로그램이에요.

한 아기가 11.5킬로그램이라고 하니까 다들 이구동성으로

'ㅇㅇ이 잘 좀 먹어야 되겠다ㅠㅠ'라고…

21개월 10.4인 난이는 가만히 있어 보았습니다:)

주말이에용!

내일 채팅에 못 갈 수도 있지만

늘 토요일 밤을 기다려요.

**댓글 12** ▼

**도토리_올튼**

오랜만이에요. 난이 보고 싶었어요. 무슨 일 있나, 병원 갔나 했어요. 오늘 아침 10.4인 올튼이도 가만히 있어야겠네요. ㅠㅠ 게다가 안 먹…
지금 난이랑 간식 먹으면서 저 테이블보 깔아서 드시는 건가요? 대박! 소풍 나온 거 같아요. 그리고 저 릿첼 연습용 빨대가 살아 있다니… 우리 집 거는 올튼이가 다 물어뜯었답니다.

---

**완두_심쿵**

아침을 안 먹어 쿨하게 패스하면 조금 지나 달라고 하나요? 심쿵이 밥 먹이다가 머리에 스팀이ㅠㅠ 입에 계속 밥을 물고 있어요. 그냥 굶겨 버릴까요? 난이는 저렇게 식판에 주면 스스로 먹나요? 심쿵이는 스스로 먹으라고 주면 책 삽화 속 아이에게 먹여 주고 있어요.ㅎㅎ 정말 미치겠… 근데 연두가 만든 저 소스 정말 맛있어 보여요. 다들 비주얼 엄청 멋지게 만드시네요. 제가 만든 것보다 훨씬 맛있어 보여요!

---

**비엔_꼬북**

에고 연두도 난이도 괜찮은 거죠? ㅠ 이전 글 읽고 와야겠네요. 꼬북이도 오늘 총 합해서 20숟가락 먹었나?ㅎ 아가들이 날씨 때문에 식욕이 없는 걸까요? 수박과 포도로 배를 채워 주었는데 제철 과일이라 뿌듯한 마음입니다. ㅋㅋㅋ

**나무_또또**

#또또 #김또또엄마

어미가 얼마나 못 놀아 주면 또또는 청소놀이를 제일 즐거워할까요. 어제와 오늘 사진입니다.

남편은 아이가 불쌍하다고 해요. 주둥이만 나불거리는 결벽증 어미를 만나 아이가 벌써부터 노동력 착취를 당한다며 불쌍하다나요.

시킨 게 아닌데 남들이 보면 부려먹는다고 하려나요.

저 어릴 때 엄마도 수돗가에서 빨래하실 때면 어린 저도 같이 하겠다고 나서서 손수건 하나 던져 주셨다고 해요. 그때 엄마가 "커 봐라. 해달라고 부탁해도 안 해 줄 걸." 하셨다는데 진짜 그렇게…

그러나 이 어미도 꽤 많이 노동합니다. 삼시 세끼 유아식 맹그느라.

가지, 토마토, 감자달걀국, 소고기

대구전, 토마토, 단호박소고기덮밥

토마토를 좋아해서 자주 줍니다.

무나물, 오이, 두부구이, 달걀찜

별거 없어도 저에게는 쉬운 일이 아니에요.

아니다, 괜찮다. 잘 먹고 똥만 잘 눠다오.

제가 일자목이 심해서 여러 독서대를 사 봤는데요.

가장 만족하는 독서대예요.

고정하는 부분이 시간이 지나도 헐거워지지 않고, 나사못 철가루 날림도 없으며, 6천 원대니 가격도 싸고. 무엇보다 가벼워요. 기저귀 서너 개 정도 무게예요.

좋은 육아 아이템 많이 소개해 주시는데 저는 소개해 드릴 게 저 좋자고 하는 일들과 저를 위해 산 물건들이네요. ㅎㅎ

오늘 읽은 책이에요. 산 지 2년이 지나서야 꺼내 읽은 책입니다. 은유의 《다가오는 말들》입니다.

밑줄 그은 두 문장 소개합니다.

-우리에게 삶을 담아낼 어휘는 항상 모자라고, 삶은 언제나 말보다 크다는 것.

-서로가 경쟁자 아닌 경청자가 될 때, 삶의 결을 섬세하게 살피는 관찰자가 될 때 우린 누구나 괜찮은 사람이 된다.

그런 의미에서 우리 온마을은 최고의 경청자이자 관찰자이십니다.^^

요즘 제가 읽고 싶어 하는 책입니다. 엘리자베스 스트라우트의 소설이에요. 얼마 전 〈올리브 키터리지〉를 읽고 반해서 다른 두 권도 샀어요. 〈올리브 키터리지〉는 수학교사인 올리브와 그녀의 남편, 아들, 그리고 마을 사람들의 이야기로 이루어진 연작소설집이에요. 육아 중 묘하게 위로가 되는 소설이에요.

댓글 12

도토리_올튼

저 안 그래도 목이 아파서 독서대 살까 했어요! 감사합니다. 그리고 반성했어요. 저는 방충망 닦아 본 적이 없거든요.ㅠㅠ 내일 당장 닦아야겠어요.

저희 올튼이도 청소 사랑해요. 물티슈랑 찍찍이로 노는 시간이 제일 길구요.ㅋㅋ

또또 식판은 언제나 아름답네요. 너무 대단하세요!!

비엔_꼬북

오~ 저도 이젠 e-북 사용자지만 놓고 쓸 독서대는 필요했어요~ 기저귀 서너 개 무게ㅋㅋㅋㅋ 딱 알겠네요! 은유 작가님 추천까지 감사히 받겠습니다.^^ 독서에 저렇게 다채로운 식단까지 차려 주시려면 진짜 부지런하셔야 할 텐데, 정말 같은 나이(맞죠?ㅋㅋㅋ)로서 저 자신이 항상 부끄럽습니다.ㅠ

여름_봉봉

항상 느끼지만 나무의 말과 글에서 깊이가 느껴져 저 존경하고 있어요.ㅎㅎ (부지런히 책 읽으시는 모습, 아이에게 사랑을 베푸는 모습 모두) 그 와중에 내일은 봉봉이에게 물티슈로 청소를 시키는 놀이(?)를 해야겠다고 다짐하는 잔머리를 쓰는 중입니다.ㅋ

땅콩_준

오오^^ 저도 재밌게 읽은 책이 두 권이나 있네요. 참고로 《내 이름은 루시바턴》 먼저 읽으시고 그다음에 《무엇이든 가능하다》 읽으시면 재미있을 거예요. 연작소설 느낌 납니다. 오오. 같이 책 이야기도 나누고 싶어요.

**꼬모_윤**

저도 일자목이라 늘 아파요. 독서대 추천 감사합니다. 저희 첫째와는 신데렐라놀이 하자며 청소를 해요. 자기 전에 방 정리가 필요하면 "우리 신데렐라놀이 할까?" "좋아요!" "신데렐라~ 작은 방 정리 좀 해!!" "알았어, 언니~" 하면서 열심히 정리해요. ㅋㅋ
윤이는 늘 어지르기 선수라 반짝반짝 닦는 또또가 넘넘 부럽네요. 윤이는 오늘도 누나한테 놀자고 조르느라 책상 엎고 머리 잡아당기는 등 사고뭉치예요. 우리 집은 매일매일이 전쟁입니다. ㅠ 또또네의 평온함이 넘넘 부럽습니다.

# 온툰: 온마을의 순간포착, 즐거운 육아

아이가 이유 없이 울거나 괜히 별 것 아닌 일에도 생트집을 잡을 때가 있다. 아이도 나름의 이유가 있긴 하겠지만 성질 급한 나는 참지 못하고 미운 말을 해 버린다.

가기 싫으면 가지 마!

너만 싫어? 엄마도 싫은데?

그런데 얼마 전 육아 프로그램을 보다가 이런 식으로 이 말 저 말 하는 게 아이한테 더 자극이 된다는 이야기를 들었다. 마침 오늘 아침 유치원 갈 준비를 하던 딸아이가 늑장을 부리며 잘 신던 스타킹도 안 신고 떼쓰기 시작한다.

싫어어어! 안해!

나 유치원 안 가!

"엄만 15분에 나갈 거야."라는 말만 하고 가만뒀더니 제풀에 꺾여 따라나선다.

Onstagram

화도 내보고, 무시도 해보고, 젤리로 얼러 보아도 안냐안냐 싫어 싫어. 근데 엄마는 다 봤다. 아이스크림 먹을래? 했을 때 흔들리는 너의 눈빛. 잘 생각해 봐. 아이 따라니까. 두 번은 안 묻는다.

#언제까지재접근기 #싫어증 #아냐병 #약도없다며 #아이스크림에서내적갈등 #1818소리나와18개월 #어머니애들이아범을쏙빼닮았어요호호호 #아니나닮은거냐 #콩콩팥팥

딸아이와 남편의 대화를 우연히 듣고 자꾸만 배시시 웃음이 난다.

**아이** 아빠는 무슨 꽃이 좋아요?

**아빠** 꼬모

**아이** 아니, 그건 엄마 이름이잖아요.
무슨 꽃 좋아하냐고요?

**아빠** CoMo

갸우뚱하는 아이를 보며 남편이 진지한 얼굴로 한 번 더 말해 주니 아이는 심드렁한 얼굴로 다시 책을 본다. 내 행복은 이런 데서 온다. 직장생활과 육아로 지칠 때면 비혼이 부럽기도, 딩크가 부럽기도 하고, 또 외동이 부러울 때가 있지만 그럼에도 이렇게 말 한마디로 천 냥 빚을 갚는 남편을 만나서 감사하고 두 아이가 있어 행복하다. 결혼과 출산, 육아로 내 몸은 전보다 힘들어졌지만 삶은 풍요로워졌다.

Onstagram

결혼 8년 차에 애가 둘이지만 내가 세상 제일 예쁜 꽃이라는 남편. 이 남자는 최수종 뺨친다. 불쌍히 여겨 거두어 준 보람이 있다.

우리의 깨볶음에 애도 짜증 냈지만 내가 행복하면 됐지! 죄송^^

#부부갈등유발자 #하희라안부러움 #여러분아름다운밤이에요 #글쎄밤엔뭘할까_아잉 #온마을올렸더니_혼후순결주의자들_벌떼같이_일어나

아이가 친정엄마의 안경을 자꾸 숨긴다. 할머니가 안경을 쓰고 있으면 어색한지 벗으라고 난리다. 할머니 안경을 들고선 "음~ 음~" 하더니 숨길 곳을 찾는다. 안경은 그렇게 사라진다. 그거 비싼 다초점 안경이라고, 이 녀석아! 안경 없이 책을 읽어 주려니 할머니는 멀리멀리 들어야 잘 보이는데 아이는 가까이 당겨 보여 달라고 실랑이다. 결국 침침한 눈을 찌푸리며 아이 눈앞에서 책을 읽어 주는 할머니.

오늘은 유치원에서 체험학습 가는 날이에요.

와랄루!

필루는 농촌 체험을 하려고 농장으로 갔어요.

저런 부분이 있었던가 싶은 찰나,

**함마** 얘, 이거 어느 나라 책이니?

**나** 프랑스일 거야.

**함마** 프랑스에서는 신날 때 와랄루! 하나 봐.

**나** ??????????????

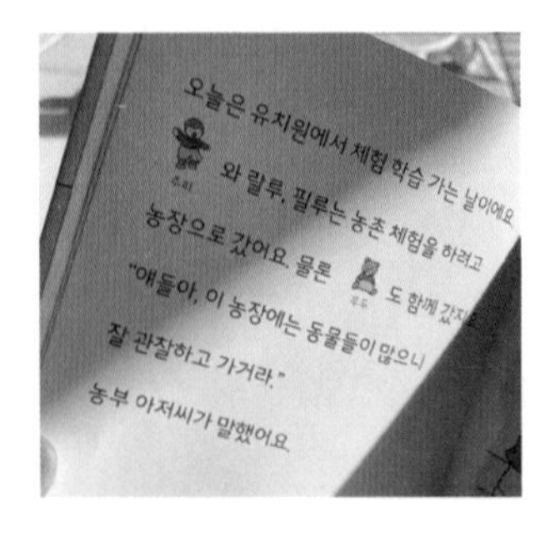

오늘은 유치원에서 체험 학습 가는 날이에요.
와 랄루, 필루는 농촌 체험을 하려고
농장으로 갔어요. 물론 도 함께 갔지
"얘들아, 이 농장에는 동물들이 많으니
잘 관찰하고 가거라."
농부 아저씨가 말했어요.

Onstagram

...

와...랄...루...
가만있자 이게 글자냐
개미새끼냐

21세기 프랑스에서는 신나거나 재미난 일이 있을 때 이렇게 외칩니다. '와랄루!'
모두들 I say '와' you say '랄루!' 소리 질러~
한바탕 웃은 뒤, 친정엄마의 늙음을 실감하며 슬퍼짐.

#추피는_왜_농장에_가서_나를_슬프게_해 #프랑스감탄사 #와랄루 #와랄루메르시보꾸 #온마을공식감탄사 #정올튼안경찾아와 #눈물터짐 #눈물닦은물티슈아님 #물티슈저지레

낙엽으로 만든 나뭇잎 왕관을 쓴 아이가 나를 재촉한다.

나가요 엄마, 나가요 엄마~

그렇게 아이와 함께 공원을 산책한다. 역시나 우리 호기심 대장. 나무에서 떨어진 밤도 줍고, 도토리도 줍고. 여기저기 떨어진 나뭇잎들도 지나치지 않는다.

나뭇잎 왕관을 쓴 아이를 보고는 지나가는 할머니, 할아버지께서 귀엽다고 해 주시니 아이의 어깨가 쑥 올라온 듯하다. 이마에 고무줄 자국이 나도록 쓰고 다녔다. 자국 난 자리가 간지러워 긁적거리면서도 계속 쓰고 산책하는 걸 보니 마음에 쏙 들었나 보다.

엄마와 아이의 가을, 나뭇잎 왕관과 함께 점점 깊어 간다.

 Onstagram 

코로나19로 주춤한 패션업계 F/W 컬렉션에 초대받은 나뭇잎 왕관 아이템입니다. 시대를 앞서가는 자연친화적 액세서리이며 평범한 여성을 미친 여자로 보이게 하는 마법 같은 제품이죠.

#나뭇잎왕관 #패션의완성 #뚈끼 #패완뚈 #투구쓴이순신장군인줄 #지나가는행인 #저집애는귀엽다면서 #날보곤불쌍타하시네 #혀끌끌 #곱하기4번들음 #엄마가꼭써야겠니

지난 주말 아들의 머리카락을 잘랐다. 코로나로 어린이집 입소도 미뤄지고 미용실도 못 가니 이러다 우리 아들 단발머리 되겠다며, 갑자기 탄력받아 집에서 '아빠 미용실' 오픈!

잘 놀고 있던 애를 의자에 앉히고 한 치의 망설임도 없이 거침없이 자르는 남편의 손길. 이건 아닌데… 아, 망했다. 수습 불가다. 어느 순간 다른 집 아이가 나를 보며 "엄마!" 한다.

음마!

너 누구니! 우리 아들 어디갔떠?

음마, 엄마

남편은 전문가용 가위가 필요하다며 연장 탓을 했다. 역시 주방 가위는 날이 잘 들지 않아 이럴 줄 예상했다나. 응? 역시 미용실에 가는 데는 다 이유가 있다.

아빠가 미안하다. 역시 남자는 헤어스타일이었어.

진심으로 사과할게.

아침에 일어나 우리 아들 한참 찾았는데 우리 애는 어디 가고 다른 집 애가 와서 자꾸 안아 달란다. 남편은 다시 한 번 남자는 역시 머리라는 말을 남기고 회사로 떠났다.

Onstagram

이리 봐도 저리 봐도 낯설다. 강아지도 털 깎으면 수치심을 느낀다는데, 어쩐지 우리 아들 표정이 어둡다. 그러게 내가 미용실 가자니까!

#아빠미용실오픈 #오픈즉시폐업 #남자는역시머리 #아빠가미안하다 #엄빠공식사과 #젤리가어딨더라 #초콜릿도먹을거니 #덤프트럭사줄게 #보복이두렵다 #제일두려운건밤에말똥한것

잠결에 아이 손가락이 얼굴에 와 닿는 것이 느껴진다.

콕

콕콕…

왠지 불길하다. 일어나고 싶지가 않다. 하지만 어차피 내가 해결해야 할 일이라면 그냥 받아들이자 싶어 눈을 떠 보니, 맙소사. 끈적한 크림으로 떡칠이 된 아이가 머리맡에 앉아 있다.

나보다 먼저 일어난 아이는 포포크림 뚜껑을 열어 얼굴과 머리, 온몸에 바르고는 엄마 피부도 챙겨야겠다 싶었는지 자고 있던 내 얼굴에까지 발라 주고 있었다. 이불과 베개, 핸드폰까지 참 정성스럽게도 발랐다.

어쩌겠는가. 늦잠 잔 내 탓이지.

받아들여야 한다.

오늘도 수행 중.

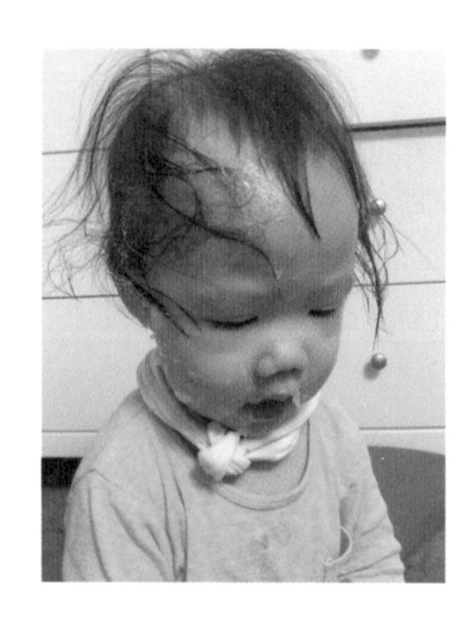

Onstagram

• • •

도대체 어떻게 꺼냈는지, 어떻게 열었는지, 그것이 알고 싶다. 부엌부터 안방까지 포포크림 길을 만든 우리 딸 야무지네. 그거 새것이었는데, 남김없이 다 썼다. 우리 딸 아주 알뜰해.

#포포크림사용기 #마룻결이비단결 #딸아딸아내딸아 #어제엄마만치킨먹어서그러니 #엄마혼자세탁실에서몰래초콜릿먹다들켜서그런거니 #타임리프절실함 #오늘하루이거하면다갔다

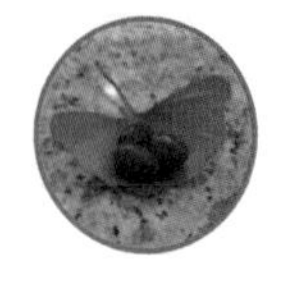

아이가 휘두른 양치컵에 눈을 가격당한 어미. 평소엔 놀랄까 봐 소리도 잘 안 지르는데 오늘은 '으악!' 하며 눈을 감싸 쥘 수밖에 없었다.

'으앙어엉엉엉엉' 하면서 바로 화장실을 뛰쳐나와 소파에 엎드려 우는 척하는데 화장실에서 들려오는 소리.

보로보로보로보로 쏴아아아아아

보로보로보로보로 쏴아아아ㅡ

물을 오그르르 하면서 잘도 논다. 침대에 가서 다시 한 번 엎드려 엉엉 우는 척하는데 그제야 아이가 달려온다.

엄마 눈물 보여 주까!(보여주세요)

엄마 콧물 보여 주까!(보여주세요)

……

흐르는 눈물과 콧물을 생생하게 구경하고 싶은 어린이. 위로라든지, 감정 교류 같은 거 남 일인 어린이. 나도 너 울 때 구경할 거야!

Onstagram

애 키우며 제일 조심해야 하는 것 1순위 눈. 2순위 이. 운전은 방어운전, 육아는 방어육아입니다. '호~' 해 주는 애는 책에서만 나와? 눈물 구경하러 신나게 달려온 어린이는 누구?

#눈알맞아본사람? #우는척 #눈물인증요청 #무엇이든무기가됩니다 #우리모두안구조심 #너좀컸다 #힘이장사네 #맨날너만울다엄마우니재밌지 #일어날타이밍을모르겠다

아이가 요즘 내 외모에 관심이 많다. 프뢰벨 말하기책에 나오는 이 고릴라를 보고 꼭 '엄마'라고 한다. 그럴 때마다 친히 정정해 주었는데, 가르쳐 주면 순순히 따라 하던 아이가 어제는 짜증을 내고 울어 버렸다.

엄마 아니야, 고릴라야.

응, 고릴라!

그건 엄마 아니고 고릴라야. 엄마가 고릴라야?

아니야! 엄마아— 엄마! 으아아아앙.

아니, 이게 울 일인가. 참나…. 이게 뭐라고, 고릴라라고 하니 성이 난다.

또 요즘 한 번씩 아이가 내 가슴을 누르며 "찌찌!"라고 말한다. 어젠 내 가슴을 누르면서 이런다.

찌찌 엄떠!

야! 나도 알거든. 그런데 말이다, 쿠션이 없는 '스포츠 브라'라는 게 있단다. 엄마가 그걸 입었어. 응, 알아. 나 지금 구구절절하고 없어 보이는 거.

Onstagram

엄마가 말이야, 원래는 엄청났었다고. 아주 그냥 막 엄청났었어. 야, 웃는 남편 네 이놈, 웃어? 이게 웃긴 이유를 바르게 설명하지 않으면 목숨을 보전하기 어려울 것이야.

#저녁밥도보전하기어려울것이야 #용돈도보전하기어려울것이야 #흔적기관 #이곳이가슴이었네 #아빠가더크더라 #나도아니까 #이러지말아줄래

남편~ 애호박이랑 당근 좀 씻고 썰어 줘.

주말에도 아이가 나만 찾으며 옴짝달싹 못 하게 하길래 남편에게 할 일을 주었다. 다 했다고 소파에 드러눕길래 애 좀 보라고 말하고 부엌으로 갔는데 이게 웬일. 벌거벗은 애호박이 날 맞이한다. 껍질을 얇게 벗긴 것도 아니고, 아주 박박 벗겨내서 몸집이 절반으로 줄어든 꼴이라니. 아이 밥 좀 먹여 달라고 하면 5분도 안 돼 다 먹였다고 한다.

밥이 그대론데 뭘 다 먹여?

애가 안 먹는 걸 어쩌라고. 배부른가 보지.

옷 하나 입혀 달라 하면 앞뒤를 바꿔 입힌다. 아이 목이 슬쩍 봐도 불편해 보이는데, 이런 건 내 눈에만 보이나 보다. 심지어 내복과 외출복 구분도 못해 내복 위에 패딩을 입혀 놓고 준비 다 끝냈다고 큰소리다. 춥다고 아이 장갑 끼우라고 할 때 다행히 손에 양말을 끼우지 않아 고맙다.

이런 내 속도 모르고 호박꽃을 보면서 아이에게 키득대는 당신은 말 한마디로 수억 빚을 지는 사람이다.

저거 봐. 네 엄마다, 엄마!

그게 지금 재미있다고 생각하면 오산이야.

Onstagram

우리 남편 정말 잘 자죠? 자는 모습이 너~무 사랑스러워서 깨물어 죽일까 봐 걱정된답니다. 꺄륵거리는 아이 돌고래 소리를 자장가 삼아 침까지 흘리며 자네요.

#그래도일어나 #일어나라고 #매트가애노는데지너자는데냐 #누군잘줄모르나 #눈뜨는거다봤어 #배긁지말고일어나 #울어도안일어나는데노는건당연히못일어나나 #내눈깔썩은눈깔 #내발등에도끼자국

# 육아의 진리, '애바애'

온마을 밴드를 시작하고 얼마 지나지 않아 랜선 육아는 곧 우리의 일상이 되었다. 그런데 이 일상을 결정하고 이끄는 사람은 내가 아닌 내가 모시는 이분. 한때는 혹시 천사인가 싶어 날갯죽지를 쓰다듬어 보기도 했었는데 어느새 점점 강력한 캐릭터로 진화하고 있는 녀석이다.

매일 아이가 자라는 만큼 엄마 역시 매일이 선택과 시행착오, 어쩌다 성공의 반복이다. 아이의 하루는 단순하다. 먹고 놀고 잔다. 단순해 보일지 모르지만 엄마는 어떻게 하루를 채울지 고민하고 수없이 검색한다. 애들 옷, 놀이, 음식 다 고만고만하지 않느냐고? 진심으로 말하건대 박사 논문이 훨씬 쉬울 것이다. 적어도 논문은 내가 쓰는 거니까. 밥 먹이는 건 애가 입을 벌려 줘야 하고 놀이는 애가 놀아야 놀이다. 비유컨대 조각이 많지 않은 아기용 퍼즐과 같다. 아주 간단하지만, 퍼즐이 딱 맞는 자리가 있다. 다른 아이가 좋아한 놀이에 내 아이는 관심이 없다. 저 아이가 잘 먹는 음식을 내 아이는 거들떠보지도 않는다. 이것저것 자꾸 끼워 봐야 맞출 수 있는 것처럼, '애바애(case by case에서 파생된 신조어로 아이마다 다르다는 뜻)', 그것은 육아의 진리다.

온마을에서 나누었던 순도 100퍼센트 과장 없는 참 후기들은 너무 많은 선택지와 정답 모를 아이 취향, 얇은 지갑 사이에서 갈팡질팡하던 내 고민을 줄여 주었다. 때로는 실패하기도 했지만, 또 실패하면 어떤가. 따라 해 보고 대박 난 아이템 한둘만 건져도 또 따라 할 맛이 난다.

꼬모의 PICK

## 엄마 성대는 소중하니까: 세이펜

첫째는 세이펜에 관심 없더니 요즘은 사운드펜에 들어 있는 영어 노래 잘 듣고요. 윤이는 일찍부터 세이펜을 좋아해요. 핫딜 있을 때 구입해도 좋을 것 같아요. 아이 클수록 활용도가 높아서요.

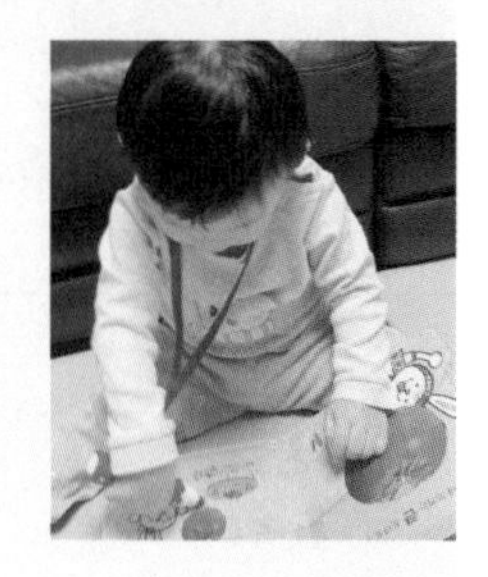

아묻따 따라 해

올튼이 세이펜 샀는데요. 하나도 안 하더니 요즘 세이펜 찍는 자리를 만지면서 달라고 하고 혼자 찍기도 해요. 그리고 세이펜 들고 놀이터 나가기는 덤!

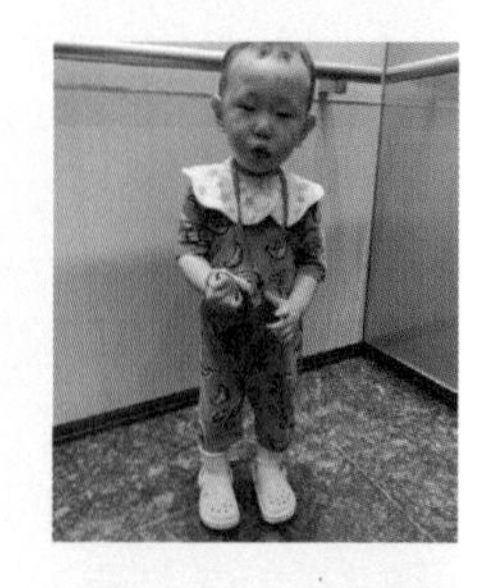

새로이는 바쁜 엄마가 책을 자주 못 읽어 주니 모든 책은 사운드북 아니면 세이펜으로 읽어요. 다행히 혼자 예습 복습 다 해 주니 고마울 뿐입니다~~!

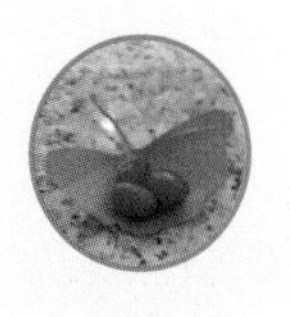

난이는 세이펜 찍으면서 혼자 대답도 하고 그래요. 활용 잘 안 되시는 분들, 곧 옵니다 그때가. 그런데 난이는 이제 책 읽어 주는 걸 정말 싫어하게 되어서 전혀 읽어 주지 못하고 있어요. 일장일단이 있네요.

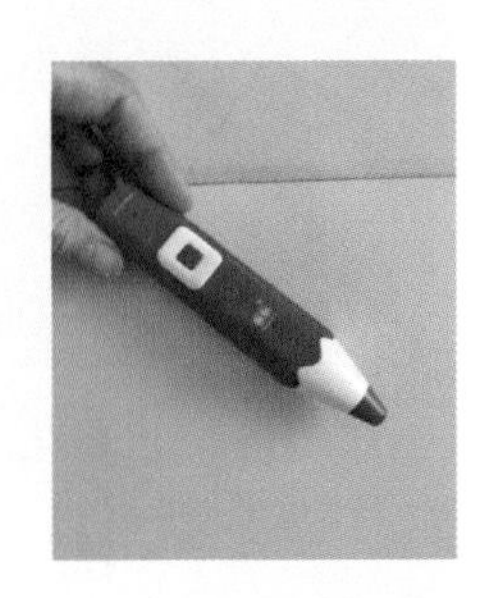

**온마을 피셜**

아이들이 조금 크고 영어공부를 시작하면 아이 수만큼 구비하는 집도 많다. 이왕 살 거라면 용량이 큰 것을 사는 것이 유리하다. 64기가를 언제 다 채우나 싶지만 막상 시간이 지나면서 파일을 채워 넣다 보면 용량이 부족해진다. 새 책 샀다고 예전 책 안 보는 건 아니기 때문이다. 세이펜을 잘 사용하지 않는 유아라면 세이펜이 가능한 자연관찰 책으로 꼬드겨 보길 추천한다. 세이렉 스티커를 사용해도 좋다.

여름의 PICK

## 다 섞여도 열 안 받아: 두 조각 퍼즐

예전엔 이렇게 둘을 짝지어 끼우는 건 관심도 없고 하지도 못하더니 이제 이렇게 끼우더라고요. 그런데 짝을 찾는 건 아직 어려워해서 제가 두 개 찾아 주면 끼우기만 해요. 간단한 활동이지만 나름 '소근육 운동+동물 이름 학습'이라고 생각하고 있습니다.

아뭍따 따라 해

이것은 봉봉이의 두 조각 퍼즐. 그때 봉봉이가 하는 거 보고 사려다가 심쿵이에겐 어려워 보여서 장바구니에 담아만 두었다가 이제야 샀어요. 다행히 좋아합니다.^^ 짝을 못 찾고 있을 때 잘 보이는 위치에 몰래 놓아 주면 스스로 찾아서 맞추고는 박수 치며 좋아해요.

두 조각 퍼즐 사줬는데 윤이는 짝짝이로 맞춰요. 어린이집에선 조각이 더 많은 퍼즐이니 이것보다 더 못 했겠죠~ 어린이집 선생님 말씀으론 윤이는 퍼즐보단 블록놀이를 더 좋아한대요. 퍼즐을 못한단 말씀이겠죠?^^

## 온마을 피셜

이런 종류의 놀잇감은 저렴하면서 자극적이지 않고 오랫동안 가지고 놀 수 있다. 처음에 실패했다면 몇 달 후에 다시 꺼내 주면 아이의 성장을 볼 수 있다. 네다섯 조각부터 열 개가 넘는 조각까지 다양하게 들어 있거나 앞뒷면을 모두 활용할 수 있는 퍼즐 세트도 있으니 아이의 성향이나 흥미에 따라 골라도 좋다. 퍼즐은 소근육 발달에도 도움이 되며 플라스틱 장난감보다 훨씬 친환경적이기도 하다.

땅콩의 PICK

## 야, 엄마도 좀 해 보자: 종이컵 놀이

남편이 만든 종이컵 놀이 장난감이에요. 남편이 손재주가 좀 있어서 쓸모가 있네요. 이렇게 또르르르 공이 굴러 나옵니다. 간단한 놀이인데도 준이가 참 좋아해요. 공이 굴러 내려오는 모습을 신기하게 바라보는 모습이 너무나 사랑스럽습니다. 간단하니 꼭 한 번 해 보세요.

아묻따 따라 해

이거 준이네 옛날 놀잇감 맞죠? 저희도 따라 해 봤어요. 난이도 재미있는지 오며 가며 공을 넣고 굴러떨어지는 모습을 관찰하네요. 무엇보다 만드는 재료와 방법이 간단해서 집에 있는 재료로 뚝딱 만들 수 있어서 참 좋습니다.

준이네 종이컵 놀이를 몇 달 지나 따라 해 봤어요. 너무나 간단한데 이걸 왜 이제야 했을까요? 심쿵이도 재미있는지 한참 놀았어요. 아! 만들기는 간단한데 저는 공이 살짝 커서 그런지 중간에 자꾸 옆으로 삐져나와서 종이컵 구멍을 계속 조금씩 크게 늘려 주어야 했답니다. 가급적 작은 공이 좋을 것 같아요.

## 온마을 피셜

아이들이 기성품으로 나오는 장난감보다 생활용품을 가지고 더 잘 노는 것을 발견할 때가 있다. 종이컵은 저렴하고 구하기 쉬워 아주 좋은 아이템이다. 그림이나 색이 들어간 종이컵이면 더 좋다. 푸실리 같은 파스타를 담고 쏟기, 쌓고 무너뜨리기 같은 놀이를 해도 좋다. 흐물흐물해져 망가진 종이컵도 괜찮다. 벽에 붙여 공을 넣어 굴리고 흥미가 없어지면 파괴 본능을 살려 떼어내 망가뜨려도 재밌다. 모두 온마을에서 한 놀이들이다.

연두의 PICK

## 당근을 캐자: 가베

얼마 전 중고로 가베를 샀어요. 가베로 뭔가 만들면서 놀거나 상황을 설정해서 노는 것이 재미있어요. 제가 동그란 조각과 막대로 어제 산책한 장면을 만들었어요. 그러자 난이가 간식 먹은 걸 떠올리고 "까까" 하며 작은 조각을 가져와 만든 모형 옆에 두기도 하고요. 이야기가 계속 확장되니 좋아요.

아묻따 따라 해

중고로 산 가베를 제일 끝방에 정리해 뒀는데 자기 물건인 줄 어떻게 알았는지 다 열어서 쏟았어요. 완전히 섞여서 정리도 어떻게 해야 할지 모르겠어요. 지금은 가베 조각을 이용해서 도미노를 하거나, 색상이나 크기별로 구분하거나 높이 쌓으며 놀아요. 오래 활용할 수 있을 것 같아서 잘 산 것 같아요.

집에서는 가베랑 함께합니다. 저랑 같이 나비도 만들고 꽃도 만들고, 케이크 만들어 촛불도 불며 논답니다. 먹을 거 좋아하는 준이가 신기하게 절대 가베 조각은 먹지 않아요. 먹을 것과 아닌 것을 구분하다니! 오~~~ 마~이 컸네!

음… 네… 가베는 발판으로 사용 중입니다.ㅋㅋ
동그란 가베를 비타민으로 생각하는지 자꾸 입에 넣어서 안 열어 줬더니 자기가 스스로 영차영차 들어서 발판으로 쓰고 있어요. 올튼이도 언젠가 좋아할 날이 오겠죠?

가베놀이 책 미리 예습하고 해 보려 했더니 또또가 책 치우래요. 난 내 방식대로 논다~ 그리고 같은 모양 찾기 놀이로 바꿔서 갖고 놉니다. 책 활용하는 것도 좋겠지만 아직은 그냥 아이 수준에 맞춰 모양이나 색상 구분하는 정도로만 놀아도 괜찮을 것 같아요.

가베 추천해 주신 분들 감사해요! 봉봉이가 아주 좋아합니다. 아침에 눈 뜨고 나오자마자 가베를 찾는데 '가베' 단어 생각이 안 났던지 처음엔 "걸레"라 말해서, "응? 걸레?" 했더니 본인도 이상했는지 갸웃갸웃. 사실 뭔가를 하기보다는 저보고 만들라 하고 정작 자기는 파괴의 신이 됩니다.

**온마을 피셜**

가베는 '은물'이라고도 하며 공, 막대, 도형 등 다양한 형태와 색깔의 조작물이 들어 있다. 정말 오랫동안 가지고 놀 수 있고 좀 더 자라 숫자, 연산, 한글을 배울 때도 활용할 수 있다. 여러 회사에서 나오는데, 가격 차이가 크지만 원산지나 브랜드의 차이고 구성은 비슷하다. 2~3만 원이면 깨끗한 중고를 구할 수 있다. 너무 어린 개월 아기는 삼킬 수 있으니 추천하지 않는다. 고가의 제품을 사서 야심 차게 영재 만들어 볼까 한다면 백퍼센트 후회할 가능성이 크다.

도토리의 PICK

## 놀이터 인싸템: 카메라 비눗방울

잇템이라 좋아서 소개해요. 일단 비눗방울이 하나도 안 새고요. 올튼이가 혼자 들고 할 수 있어요. 버블건 스타일은 자꾸 땅바닥으로 떨어지고 액체가 다 새서 불편했는데요. 올튼이 오늘 이걸로 놀이터 인싸가 되었습니다.

아몬따 따라 해

올튼이네 카메라 비눗방울을 최근 개시했어요. 봉봉이는 처음엔 신기한지 좋아했는데 생각보다 오래 갖고 놀지 않았고 카메라에서 소리가 나니까 겁을 내요. 소리는 좀 익숙해지면 괜찮을 것 같아요. 추천 감사합니다.

이 카메라 비눗방울 너무 좋아요. 두 아이 모두 신나게 놀았고 비눗물만 채워 주면 계속 사용할 수 있겠어요. 추천 고맙습니다.^^ 윤이가 정말 좋아했어요. 이거 있으니 아이들 사진도 훨씬 예쁘게 나와요.

저는 올튼이네 카메라 유사품을 골랐습니다. 비환경적인 부모지만 그래도 아이가 좋아하는 모습 보니 저도 기분 좋더라고요. 참 잘 만들었어요. 비눗방울 카메라라니. 덕분에 아이랑 산책하며 좋은 시간 가졌어요.

**온마을 피셜**

공원이나 놀이터에서 잘 활용할 수 있는 인싸템이다. 도토리네는 가지고 나갔다가 형, 누나들에게 둘러싸여 버렸다 한다. 버튼을 누르면 노랫소리와 함께 비눗방울이 자동으로 발사된다. 아이가 목에 걸고 혼자 사용할 수 있다는 것도 큰 장점이다. 다만 고장이 잦고 품질을 검증할 수 없다는 것이 단점. 만원 내외이므로 한두 번쯤 재밌게 놀고 싶거나 햇살 좋은 날 사진 촬영용으로 구입하면 좋다.

도토리의 PICK

## 별것 아니지만 최고야: 매트 놀이

청소하다가 매트로 놀이했어요. 매트 다 세워 두고 뛰어다니며 놀았습니다. 저는 그냥 한군데 쭈그려 앉아 있고 올튼이 오는 쪽에서 왕! 해 주고요. 별것 아닌 놀이에도 아이가 너무 좋아하니 여러분도 한번 해 보세요.

아묻따 따라 해

저도 매트 청소 끝내고 매트를 세워 두고 술래잡기 했어요. 제가 도망가서 또또를 잡는데 가끔 방향 바꿔 쫓아오면 가슴이 쫄깃해집니다. 아랫집에 피해 갈까봐 발 들고 사뿐사뿐 한 5분 놀아 줘요. 또또는 더 안 해 준다고 대성통곡하고. 미안해, 딸.ㅜㅜ

올튼이가 이모랑 매트 놀이 또 했어요. 매트에 이불까지 씌워서 술래잡기 하니 더 흥분합니다. 정신없이 도망다니며 텐션을 올려봅니다. 이모는 텐션 올리기 선수거든요.

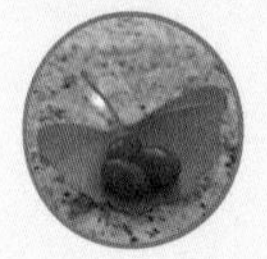

난이는 아직 매트 숨바꼭질을 못 해요. 잡으러 오라고! 도망치라고! 아직 엄마 혼자만의 룰ㅋㅋ 응용 버전으로 매트 접어 주니 왔다 갔다 하고 산을 기어오르고, 머리부터 내려오고, 신나게 잘 놀아요. 매트 한쪽에 앉아 있으면 산이 무너지지도 않고, 저는 TV도 볼 수 있어요.

**온마을 피셜**

매트 청소할 겸 매트를 세워 벽을 만들어 주면 아이가 무척 좋아한다. 특히 외출하기 힘든 추운 날에 좋은 놀잇감이다. 위에 이불을 걸쳐 주어도 좋고 미끄럼틀처럼 타고 내려오게도 할 수 있다. 단, 아래층에서 층간소음으로 고통받지 않도록 뛰고 무너뜨리기보다 숨기, 기어오르기 같은 방법을 택하거나 가급적 평일 낮을 택할 것. 도움은 전혀 안 되지만, 매트 들어낸 김에 작은 걸레 하나 쥐여 주어 스스로 매트도 닦게 하자.

연두의 PICK

## 지옥이라니 더 궁금한: 추피

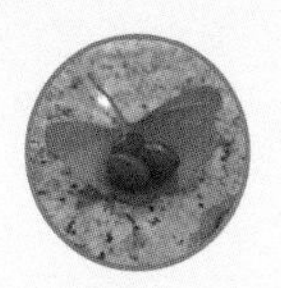

추피책을 샀어요. 가격 대비 양이 많음ㅎㅎ 예전에 도서관에서 한 번 본 적 있는데 그땐 그냥 그랬거든요. 오늘 자세히 보니 완전 제 취향인 거 있죠. 난이도 소품 같은 거 좋아해서 취향 저격~!

아묻따 따라 해

밥 먹을 때도 추피책 읽어 달라 하고, 책 읽자 말하면 추피책을 잔뜩 갖고 옵니다. 사이즈도 자그마해서 징검다리로 만들어 뛰거나 책 도미노 놀이해도 딱이에요.

응답하라, 여기는 추피 지옥이다! 나를 구출하라! 올튼이 생일선물로 이모가 추피를 사줬는데요. 아직 열다섯 권만 오픈했는데 읽다가 치우라는 책 없이 끝까지 다 봐요. 『추피는 이모가 좋아요』는 오늘만 열두 번 읽었어요.

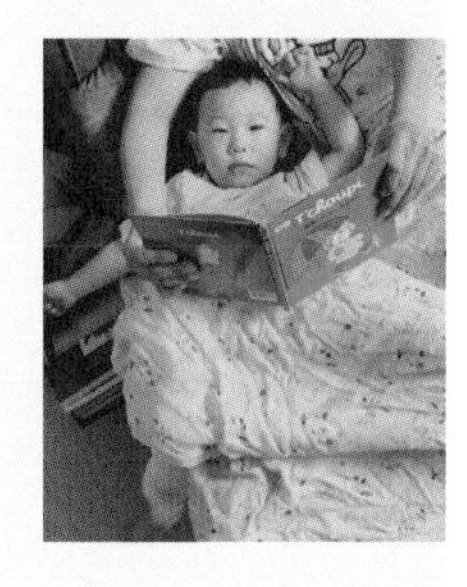

준이는 책 보는 거 좋아해요. 한자리에 앉아 책 보는 거 보면 기특합니다. 집에서도 책장에서 꺼내 혼자 책 봐요. 책 읽고 잠자리에 드는데 준이는 추피책을 잔뜩 들고 와서 읽어 달라고 합니다. 추피가 본인이래요~

### 온마을 피셜

온마을의 추피 보유자들은 대만족. 세이펜을 할 수 있는 버전이라면 세이펜과 대화하는 아이 모습도 볼 수 있다. 지문과 그림을 찍을 때 나오는 문장이 약간 다르고, 숨어 있는 아기 소리, 동물 소리 등도 들을 수 있어서 더 재미있다. 내용도 생활동화 딱 그 자체다. 단점으로는 프랑스 배경이라 주현절, 승마와 같이 엄마도 아이도 익숙하지 않은 소재가 좀 있다. 소품, 작은 동물이나 곤충 그림 찾기 놀이를 하면 아이가 더욱 재미있어 한다.

땅콩의 PICK

## 먹여야 하나 말아야 하나: 영양제

에치에치 배도라지즙+삼부커스 키즈(라즈베리 맛)+홍삼 키즈스틱+멀티 비타민+오메가3+락피도엘 등 이것저것 매일 먹이고 있어요. 준이는 잔병치레 없이 잘 크고 있어서 감사하게 생각합니다.

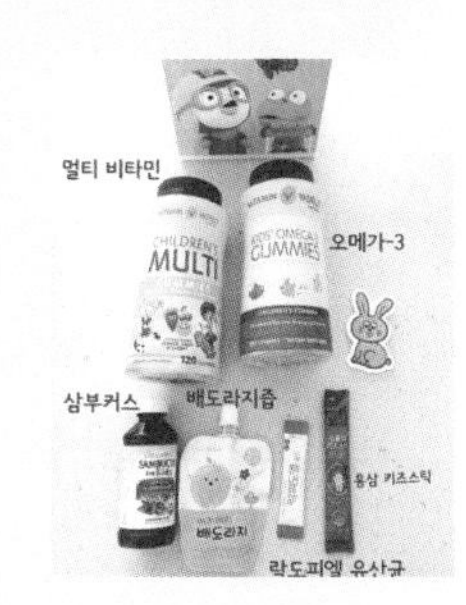


아몬때 따라 해

준이네 영양제를 보고 유산균도 거의 까먹고 가끔 먹이는 저를 반성한 후 영양제를 들였습니다. 마이타민은 밥 안 먹는 아이들에게 효과가 있다는데 가격이 사악해요. 한 포에 2천 원꼴이에요. 다섯 포 먹였는데 저것 때문인지는 모르지만, 밥 먹는 양이 조금 늘었어요. 피로회복 효과가 있대서 오전에 줍니다.

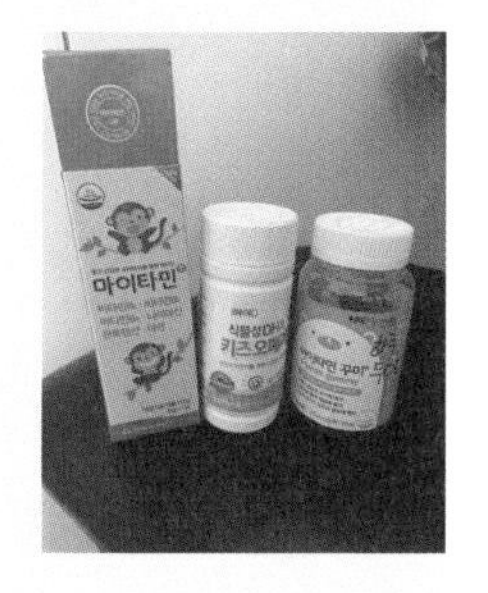

저희도 비타민 들였어요. 새로이는 심심하면 비타민을 챙겨 먹어요. 누나는 잘 안 먹는데 새로이는 알아서 챙겨 먹습니다. 새로이는 초록마을 멀티비타민을 좋아하네요.

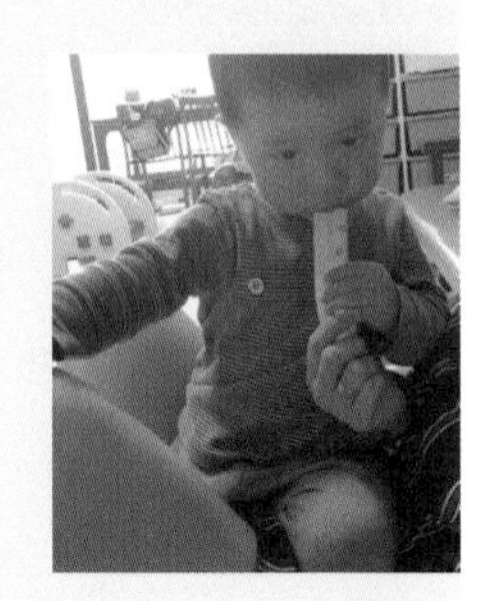

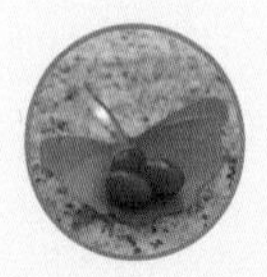

저도 비타민 샀어요. 젤리인데 우어아아아아, 진짜 맛있어요. 제가 다 먹을 뻔! 맛있으니까 아이도 잘 먹네요. 추천해 주셔서 감사해요.

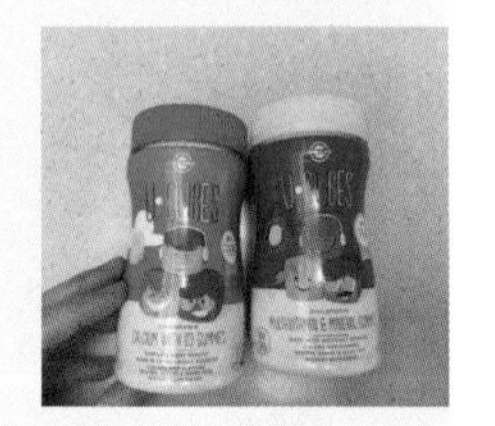

**온마을 피셜**

이런 게 제일 어렵다. 종류는 많은데 효과를 눈으로 보기 어려운 것. 장난감이나 책이야 아이가 노는 것을 보면 알 수 있지만 영양제는 효과가 있겠거니, 믿고 먹일 수밖에. 주변 사람들이 먹이는 것 중 가격대가 적당하고 무난한 키즈 제품을 골라 먹여 볼 것. 식품으로만 자연스럽게 섭취하길 원한다면 비타민D나 유산균 정도면 충분하다. 액상, 가루, 츄어블, 젤리와 같이 다양한 형태가 있으니 아이들의 호불호를 고려하여 간식으로 사용하는 것도 좋다.

연두의 PICK

## 밥 안 먹였다는 죄책감 따위 개나 줘: 시리얼

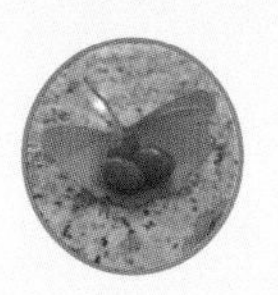

단출한 아침 식사입니다. 우리나라 시리얼은 굉장히 달아서 먹기 부담돼요. 바바라스, 카쉬, 네이처스패스 등 세 가지 시리얼을 추천합니다. 유기농, non-gmo, 로슈거, 통곡물이라 외국에서 아기들도 많이 먹는 시리얼이에요. 여기에 우리나라 달달한 그래놀라 같은 거 섞어 먹일 때도 있고 난이에겐 건조 딸기를 뿌려 주기도 합니다. 맛도 좋아요.

아묻따 따라 해

난이네 추천 시리얼 우리 집도 사서 먹어요. 생각보다 맛있어요. 아침에 이 시리얼을 먹다가 우유를 쏟기도 합니다만… 그래도 불을 써 가며 아침 준비하는 것보단 한결 여유롭다는 사실!

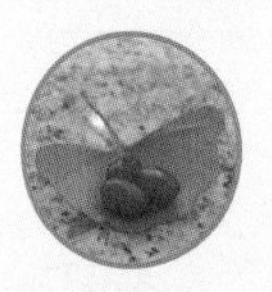

왕관 예쁘죠? 시리얼 박스의 새 그림을 오린 거예요. ㅋㅋ 시리얼 사신 분들~ 다 먹고 박스 재활용하세요. 오늘 난이 생일이었는데, 왕관 씌워 주고 난이가 주인공인 날이라고 하니 "주인공, 재밌다."고 해요.

또또도 이 시리얼을 아주 좋아해요. 간식으로 자꾸 찾아요. 달지 않으니까 주는 저도 맘이 편하고요. 두 그릇 먹고서도 "엄마, 더 주세요." 하고 그릇 들이밉니다. 그나저나 저도 시리얼 다 먹고 펭귄 왕관 만들어 주려고 했는데 다른 시리얼을 여섯 통이나 잘못 사 왔네요.

### 온마을 피셜

바쁜 아침, 그래도 뭐라도 먹여야 한다면 시리얼을 준비해 두면 수월하다. 국내 시리얼은 대부분 옥수수 위주에 당분이 많이 들어 있는데, 직구를 통해 해외의 다양한 제품을 살펴보고 구입해 보자. 이들 국가에서는 당연히 아기들도 아침에 시리얼을 먹는다. 더 어린 영아를 위해 분말 형태의 박스형 시리얼도 있다. 맛이 좋고 밥보다 떠먹기가 훨씬 쉬우므로 스스로 먹는 방법을 가르치기에도 좋다. 영양을 더 보충하고 싶다면 토마토, 사과, 바나나같이 아침에 먹기 좋은 과일을 곁들인다.

도토리의 PICK

## 햄보다는 낫겠지: 두부봉

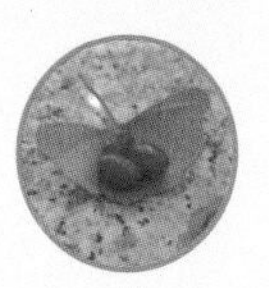

올튼이는 입이 짧은 아가라 먹을 수 있는 건 다 주는 편이에요. 이건 풀무원에서 나오는 두부봉이에요. 올튼이 식사 애정템입니다. 간식으로 나오는 소시지형도 있고 이렇게 큰 소시지 형태도 있는데요. 그냥 햄보다는 나을 것 같아서 주고 있어요.

아묻따 따라 해

하루 세 끼 반찬이 늘 고민이에요. 올튼이가 잘 먹는다는 두부봉, 저도 구워 봤어요. 두부봉과 채소달걀국을 끓이니 든든한 한 끼 식사 완성!

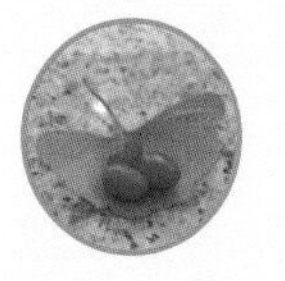

오방색, 이 '알흠다운' 색의 조화라니! 미역국, 고구마, 두부봉, 포도, 토마토의 음식 궁합은 전혀 생각지 않았네요ㅋㅋ 올튼이 추천 두부봉, 맛있어요!

**온마을 피셜**

아이들이 대체로 좋아해 가끔씩 해 주기 좋다. 달걀 입혀도 되고 그냥 구워 줘도 된다. 세 가지 맛이 있다. 이외에도 엄마가 시간이 없을 때 쉽게 먹일 수 있는 몇 가지 시판 제품을 소개한다. 아기한테 어떻게 그런 걸 먹이냐고 묻는다면 엄마들이 거칠어질 수 있으니 말조심할 것. 양심상 햄은 뺐다. 빵, 김, 김자반, 밥새우, 밥친구, 유부초밥, 순두부, 만두, 누룽지, 치즈, 달걀, 각종 레토르트 국과 반찬 등. 그중에서 달걀과 김은 아이 키우는 집에 신이 내린 선물이다.

3부

# 어제의 엄마는 가고 내일의 엄마가 온다

**완두_심쿵**

#심쿵이 #단유1주년 #애착인간

오늘이 단유한 지 딱 1년 되는 날이에요. 사실 수유는 일찍이 끝냈는데 제가 아이 모유 먹는 모습이 너무 그리울 것 같아 이틀 후 한 번 더 주었었더랬죠.

돌까지 먹일 수 있었을 텐데 굳이 11개월 지나 단유를 한 이유는 모유 수유하는 과정이 사실 좀 많이 힘들어서 빨리 끝내고 가벼워지고 싶은 마음이 컸던 것 같아요. 수유 초기 젖몸살이 너무 고통스러워 후기 이유식을 시작하면서 조금씩 분유와 번갈아 먹이다가 나중엔 모유를 정말 간식처럼 먹어 그런지 다행히 아주 쉽게 떼긴 했어요.

요즘도 가끔 아이가 젖 먹는 모습을 동영상으로 찍어둔 걸 찾아봅니다. 쪽쪽 어찌나 맛있게도 먹는지 다시는 못 볼 모습이라고 생각하니 괜히 눈물이 날 때도 있어요. 배부르게 먹고 기분이 좋아져 옹알이하던 모습, 쭈쭈 먹다가 스르르 잠든 모습이 너무 사랑스러워 열심히 사진을 찍어대던 저, 모두 이제 추억이 되었네요.

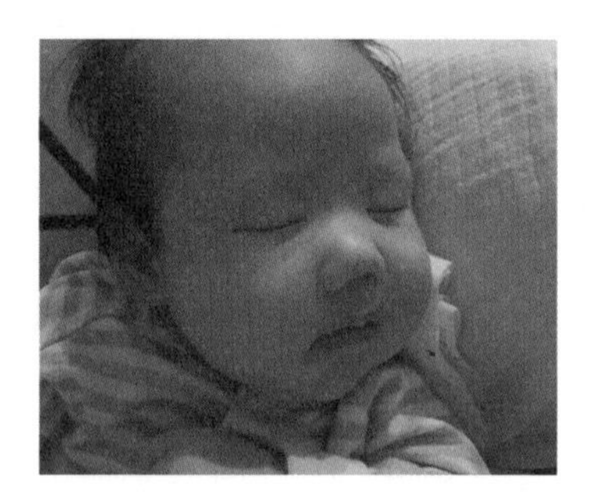

아이 수유하시던 다른 분들은, 지금 어떠신가요? 사실 단유한 지 1년이나 되었는데 여전히 심쿵이는 쭈쭈 집

착이 심하거든요. 단유 후 어느 순간 가슴을 만지기 시작하더니 밖에서도 자꾸 옷 안으로 손을 집어넣어 제 옷은 목이 다 늘어나 있어요. 옷 늘어나는 건 둘째치고 너무 집착하니 제가 힘들어요. 다른 아이들은 애착인형을 만지며 잔다는데 심쿵이는 인형은 아무리 안겨 줘도 좋아하지도 않고 그저 저만 만져댑니다. '애착인간' 도대체 언제까지 해야 할지 모르겠어요. 모유 먹던 모습은 그립지만 모유 수유 후유증이 심각합니다.

댓글 12

**연두_난이**

그럼 털 인형 말고 천으로 된 인형을 시도해 보세요. 아이들이 좋아하는 촉감이 각기 다르더라고요. 아! 그리고 저 있던 조리원은 지나친 모유 수유 강조와 낡은 시설 문제가 겹쳐 문을 닫았답니다. 모유든 분유든 엄마가 행복한 게 가장 좋은 것 같아요.

---

**나무_또또**

다른 이유지만 저도 모유 수유 과정이 참 힘들었어요. 유축, 마사지도 하고 모유 촉진차도 마시고 안 해본 방법이 없는데도 잘 안 되더라고요. 국물도 많이 마시고 두유도 열심히 먹었는데… 어쩔 수 없이 분유를 먹여야 했는데 그때 생각하면 아직도 눈물이 납니다. 다시 그때로 돌아간다면 어떻게 할까 확신이 서진 않지만 지난 일을 붙들고 후회하는 건 아이에게도 좋지 않을 것 같아 모유 대신 사랑을 더 많이 주려고요! ^^

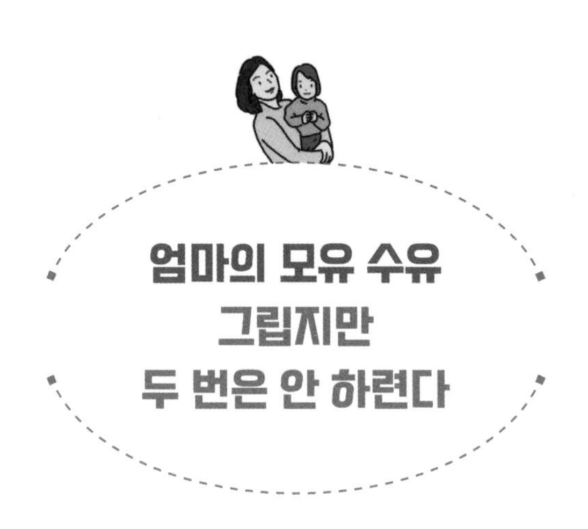

# 엄마의 모유 수유 그립지만 두 번은 안 하련다

> 너의 가슴은 돌덩이로 변할지니 바로 눕지도 모로 눕지도 못할 것이며 돌출된 유선과 혈관으로 흉함을 자랑할 것이니 이것이 젖몸살이라. 너는 자지도 깨지도 못한 채 홀로 보이지 않는 상대와 싸울 것이니 상대가 네 가슴이렷다. 종국에는 승리하여 고통에서 벗어날 것이며 너는 그 껍데기를 얻을 것이니라.

먼저 아이를 출산한 지인들은 임신한 나에게 이런 이야기보다는 굴욕 3종 따위로 대표되는 출산의 과정과 고통에 대해 말하곤 했다. 묘사는 무시무시한데 어쩐지 이야기하는 그들은 신이 나 보이더라니, 그게 전부가 아니었다. 그들은 덜 아팠던 게다. 진짜 고통은 출산 후에 따라온 예상치 못한 젖몸살이었다. 수유하는 모습이 아름답다는 건 관망자의 입장이다. 젖 짜는 이의 현실은 아름다움과는 거리가 아주 멀었다. 구질구질했고 괴로웠으며 우울했다.

출산 후 곧 초유가 나왔다. 올 것이 왔다. 하루 여덟 번, 아이 먹일 생각에 신나게 유축을 했다. 신생아가 먹는 양은 적은데 자꾸 유축을 해대니 젖 양은 늘어났고, 가슴은 순식간에 돌이 되었다. 아이가 충분히 먹지 못한 채 불어난 가슴은 보통의 큰 가슴과는 다르게 동그랗지 않다. 울퉁불퉁하고 거대한 바위가 붙은 내 몸은 쳐다보기조차 싫었고 우울감은 깊어 갔다.

불행 중 다행히도 조리원 원장님이 가슴마사지의 달인이었다. 매일매일 가슴이 너무 아파 눈물을 흘리며 "원장님…" 하고 한마디만 하면 두 번 묻지도 않고 마사지실로 오라고 하신다. 그렇게 가슴마사지를 받으면서 아이가 먹지 못한 모유를 짜내는데 그때의 개운함은 훗날 출산 후 처음 마시는 맥주 한 모금 맛에 견줄 만했다. 문제는 밤이었다. 젖은 밤에 더 많이 만들어지고, 아침이 오기 전까지는 나를 도와줄 사람이 아무도 없다는 것. 젖몸살로 인해 잠도 제대로 못 자던 나는 계속해서 직수(직접 수유)를 했음에도 매일 새벽 고통스럽게 잠에서 깼다. 가슴은 돌덩이에서 바위가 되어 있었고 바위를 얹은 채 혼자 울었다. 겨우 몸을 일으켜 딱 지금 죽지 않을 만큼만 유축을 했다. 시원하게 모두 빼버리면 좋으련만 빼내면 또 그만큼 모유가 만들어질까 두려워 참았다. 갈증이 나도 이 물이 젖이 될까 목마름을 참았고 미역국에서도 미역만 건져 먹었다. 앞이 등이 되어도 좋으니 가벼운 가슴이 되고 싶었다.

산후조리고 뭐고 내가 살아야 애도 본다. 그렇게 가슴이 돌덩이가 되는 고통을 겪으며 자는 새벽마다 가슴과 겨드랑이에 아이스팩을 끼고 매일매일 단유차를 마셨다. 양배추도, 젖몸살 완화 크림도 써 봤지만 모두 적당한 젖몸살일 때 도움이 되는 이야기였다. 조리원은 천국이라더니 나에게 조리원에서의 3주는 처참했다. 매일 홀로 젖과의 전쟁을 벌이고 번번이 패하자 하루하루가 피폐해졌다. 밤에는 아파서 잠을 못 자고 낮에는 수유하느라 힘을 빼니 부어있는데도 사람이 퀭했다. 그런데 모두의 예상과 달리 나는 돌까지 모유 수유를 했다. 돌을 바라보며 이제는 모유 수유를 끝낼 때가 되었음을 알았다. 젖몸살의 고통을 다시 겪을 수는 없어서 3개월에 걸쳐 서서히 줄여 유축 없이 마무리 지었다.

특별한 신념이 있어서가 아니라 살기 위해 어쩔 수 없이 했다. 부디 내 모유가 우리 아이에게 양질의 영양을 주었기만을 바란다. 열심히 잘 먹어 준 우리 아가, 고마워. 그렇지만 두 번은 없다.

**완두_심쿵**

#심쿵이 #쪽단현상 #도와주세요ㅠㅠ

심란해서 급히 글 씁니다. 심쿵이는 어제 작별인사도 없이 쪽쪽이(공갈젖꼭지) 떼기를 시작했어요. 밤엔 어찌어찌 재웠는데 원래 중간에 깨면 쪽쪽이 물려 재우거든요. 그런데 안 주니까 12시에 깨서 못 자고 울더라고요. 안아서 달랬다가 내려놓으면 깨고를 두 시간 동안 반복했어요. 심쿵이가 원래 울음이 짧은 아이라 더 당황스러워서 안절부절못하다 2시 넘어 겨우 재웠어요.

전에는 공갈젖꼭지 없이 두어 번 낮잠을 재웠던 적이 있는데 그땐 이렇지 않았거든요. 어제의 충격이 심했는지 계속 혀를 내밀며 쪽쪽이를 찾네요.

제가 인사도 없이 너무 급작스럽게 안녕시킨 걸까요? 심쿵이가 예상보다 너무 힘들어하네요. 바닥에서 몸부림을 치며 엉엉 울다가 1시간 후 지쳐 잠들었어요. 자면서도 흐느끼고요. 아직 말이 안 통해서 지금 와서 안녕하고 인사하거나 그러는 건 이해를 못 할 것 같아요.

공갈젖꼭지 떼기 그냥 이대로 계속 할지 스톱할지, 지금도 별것 아닌 일에 짜증을 엄청 부리네요. 오늘 밤이 두려워요. 저 어쩌죠?ㅠㅠ

댓글 10

**여름_봉봉이**

랜선 이모 마음도 짠해요. 이제 쪽쪽이는 쪽쪽이 엄마한테 갈 거야, 쪽쪽이는 아기라서, 아야해서 쪽쪽이 엄마한테 가고 싶대. 이런 식으로 며칠 동안 말을 해 주는 게 아이가 마음의 준비를 하는 데 도움이 되었던 것 같아요. 지금이라도 무작정 안 주지 말고 계속 심쿵이한테 말을 해 주면 분명 알아듣지 싶어요. 이왕 시작한 거 며칠 고생하더라도 마음 굳게 먹고 하시는 것도 나쁘지 않은 것 같기도 하고… 진짜 고민이지요.ㅜㅜ

---

**연두_난이**

엄마가 제일 좋은 결정을 하시겠지만요, 잘됐어요. 이왕 끊은 김에 조금 더 밀고 나갈 수도 있고, 외국 애들 세 살까지 물더라 하고 더 줄 수도 있고. 이별은 언제나 어려워요. 심쿵이 울지 마.

---

**비엔_꼬북**

꼬북이도 갑자기, 말 전혀 안 통하는 상태에서 끊긴 했어요. 이후에 애착담요를 쪽쪽 빨아서 똑같은 거 하나 더 사서 매일 빨래해요. 쪽쪽이 말고 다른 잠 친구를 찾아 주시면 떼는 게 더 수월해질 것 같아요. 저도 중간에 힘들어서 이걸 왜 이렇게 고생하면서 굳이 지금 떼려고 하는가 고민하며 쪽쪽이 넣어 둔 소독기로 몇 번이나 달려갈 뻔했답니다. 힘내세요!

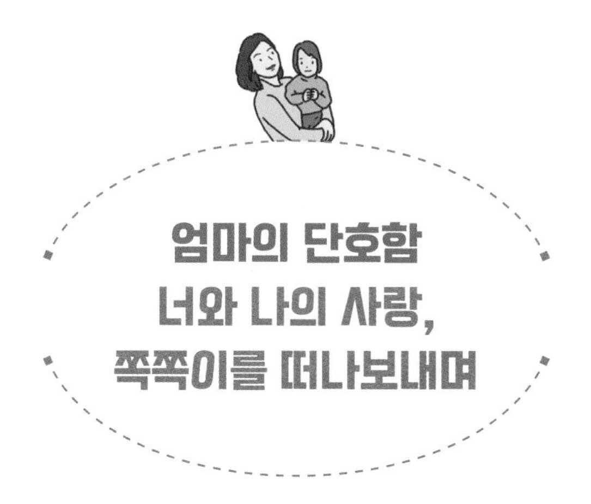

# 엄마의 단호함 너와 나의 사랑, 쪽쪽이를 떠나보내며

결론부터 말하자면 아이와 쪽쪽이는 완전히 헤어졌다. 생후 50일쯤부터 사용한 쪽쪽이와의 이별은 큰 숙제였다. 아이의 쪽쪽이 의존도는 갈수록 심해졌는데 어느 순간부터는 자다가 입에서 빠지면 칭얼거렸고, 나중에는 스스로 찾아 물고도 푹 잠들지 못해 여러 번 깼다. 남들은 어떻게 쪽쪽이와 이별하는지 인터넷을 검색해 보니 아이 앞에서 쪽쪽이를 잘라버리기도 하고, 날마다 조금씩 잘라서 물리기도 한단다. 그리고 어떤 엄마들은 새에게 주자며 창문 밖으로 던져 버리기도 하고, 아기동물에게 보내는 감성적인 방법도 많이 쓰는 것 같았다. 눈앞에서 잘라 버리는 건 좀 충격적일 것 같았고, 각종 아기동물에게 주는 건 감동적이긴 했지만 말이 느린 우리 아이가 내 설명을 이해할 것 같지 않았다.

내 마음속 마지노선은 18개월이었다. 그때까지 시간이 있다며 쉽사리 실천하지 못하고 고민만 하던 어느 날, 아기 띠에 안겨 잠을 청하던 아이가 갑자기 쪽쪽이를 빼서 나에게 건넸다. 장난기 가득한 표정으로, 짐작건대 안 자고 엄마랑 장난치며 놀고 싶다는 신호였다. 그러나 나는 그 순간, 느낌이 강하게 왔다. 이 길로 떼어야 한다. 그리고 정말로 그게 마지막이었다.

아이는 그날 밤 쪽쪽이 없이 잠자리에 들었다. 오열하다가 겨우 눈감는가 싶더니 새벽에도 엄청나게 울었다. 그러나 나는 내 예상보다도 독했다. 절대 흔들리지 않고 버텼다. 이튿날 낮잠은 더 큰 고비였다. 전날 밤의 설움이 더해진 아이는 숨이 넘어가게 울었고 1시간 넘게 울다 지쳐 잠들었다. 눈치 없는 아빠는 나와 대화하다 무심결에 쪽쪽이라는 단어를 썼고, 아이는 다시 통곡하며 울었다. 손녀의 우는 영상을 본 우리 엄마는 나중에 떼도 된다며 가슴 아파했다. 독하다는 욕까지 듣고 그만두자니 그동안 흘린 눈물이 아까웠다. 그날 밤에도 아이는 울다 잠들었고 그렇게 밤잠 두 번, 낮잠 한 번, 총 세 번의 오열 후 쪽쪽이와의 사랑은 끝이 났다.

아이는 생각보다 쪽쪽이를 쉽게 뗐지만 오히려 오래 그리워한 사람은 아이가 아닌 나였다. 아이만큼이나 나도 쪽쪽이와의 이별이 너무나 갑작스러웠다. 동그란 쪽쪽이를 쪽쪽 소리 내며 세상 맛있게 빨던 모습이 너무나 그리웠다. 더구나 쪽쪽이의 도움이면 쉽게 잠들었을 텐데, 더 오래 안아 주어야 했고 새벽에 자다 깨면 쪽쪽이 대신 아이를 달래 주어야 했다. 딱 한 번 정도는 다시 물려도 괜찮지 않을까 싶어, 줄까 말까 고민도 했다. 쪽쪽이를 물고 있는 모습을 한 번만 더 보고 싶었다. 그러나 아이도 나도 괴로워지는 길이란 걸 잘 알고 있었다. 그리운 것은 그리운 대로 의미가 있다는 말로 위안 삼으며 나도 쪽쪽이와의 이별을 받아들였다.

아이를 키우다 보면 시기가 지나고 다시 못 보는 모습들이 많다. 모유 먹는 모습, 젖병 빠는 모습, 쪽쪽이 무는 모습, 말은 못 하지만 아무 소리나 내며 옹알이하는 모습 같은. 불과 얼마 전까지 보여 준 모습인데도 아주 오래전처럼 아득하게 느껴진다. 아이는 매일매일이 다르고 빠르게 자란다. 말도 안 되는 이유로 떼쓰고 우는 오늘의 우리 아이가 지금 당장은 힘들긴 하지만, 이 또한 다 지나가고 결국 아이는 자란다.

**나무_또또**

#또또 #손빠는아기

육아는 산 넘어 산이라더니, 신생아 시기가 지나고 아이의 습관 때문에 연일 걱정스럽습니다. 요즘엔 또또가 자꾸만 손을 빨아요. 주먹고기 먹던 시절 '어머, 아기가 손을 다 먹네.' 했는데, 그게 지금까지 저를 괴롭힐 육아 숙제가 될 줄은 몰랐어요.

쪽쪽이를 적극적으로 물려볼 걸 그랬나? 내가 사랑을 덜 줬나? 자극이 부족해서 심심한가? 주변 환경에서 받는 스트레스가 심해서 하는 자기 위안 행동의 일환인가? 5세 이후에도 계속되면 구강구조에 악영향을 끼친다는데 어쩌지? 어린이집 가면 더욱 질병을 달고 살겠다… 등등 별별 생각이 다 듭니다. 다 제 탓 같고 제 사랑이 부족해서 생긴 일 같아 자책하게 되네요.

잠들기 직전에 특히 손을 많이 빨아요. 잠들고 나면 스르르 빼고요. 잘 논다 싶어서 설거지하고 있으면 어느샌가 미끄럼틀 타며 쪽쪽거리고, 저랑 같이 놀다가 제가 지쳐 반응이 미적지근해지면 또 쪽쪽 빱니다. 그 소리를 들으면 마음이 무너져요.

다른 데 관심을 돌려보려 하다가도 제가 먼저 지치기도 하고, 안고 있어도 계속 빠는 아이 손가락을 강제로

빼기도 하고, 너무 속상해 아이에게 가시 돋친 말을 하기도 했어요. 이 모든 게 후회스럽고 죄책감이 들어 참 힘듭니다.

댓글 14

**연두_난이**

엄마가 된다는 게 참 힘들어요. 어떤 일이든 내 탓을 먼저 하게 되니까. 난이는 요즘 한번씩 기저귀에 손을 넣는데 아무것도 아닌 걸 알면서도 눈길이 더 가고 괜히 걱정스럽게 바라보게 돼요. 나무 맘을 조금은 이해해요. 빠는 욕구가 더 큰 아이가 있는 것 같아요. 손 빠는 소리에 마음이 무너지는 나무의 표현에 저도 발을 구르게 돼요. 어떻게 도와줄 수 있을까. '딱 답을 주고 싶다' 하는 말도 안 되는 욕심도 생기고요. 또또가 나무 마음을 알아 줬으면….

---

**꼬모_윤**

윤이도 요즘 어금니 쪽으로 손을 넣어요. 손 빠는 건 아니고 잘근잘근 깨물듯이 넣어요. 이가 나느라 간지러워 그럴 수도 있고요. 학교 입학할 때 손 빨면서 오는 애 없잖아요. 구강구조는 유전 영향이 크고, 종일 쪽쪽이 물고 있거나 잘 때까지 계속 무는 아이의 경우 영향이 있다고 들었어요. 다만 질병은 조심해야죠. 감기 옮을 수도 있어서 밖에서 뭘 만지면 자주 손 닦아주시고요. 사랑스러운 또또가 곧 손 빠는 것보다 더 재미난 걸 찾게 될 거예요.

# 엄마의 후회 손 빨기, 내가 사랑을 덜 줬을까?

누구나 인생에서 되돌리고 싶은 지점이 여럿 있을 테다. 그 학교로 전학을 가지 않았다면? 어떤 친구를 만나지 않았다면? 누군가에게 마음을 뺏기지 않았다면? 그 시험에서 한 문제를 더 맞혔더라면? 등등. 내게는 아이의 출생 이후 되돌리고 싶은 여러 순간이 생겼다. 모유 수유가 힘들어 일찍 포기했던 그때로 돌아가 잘 나오지 않는 젖이라도 용을 쓰며 더 짰더라면, 손목과 허리가 아프더라도 더 많이 안아 줬더라면, 아이에게 좀 더 많은 자극을 줬더라면 등의 후회는 내게 무수한 고통을 안겨 준다. 상상 속에서 내가 가장 돌아가고 싶은 때는 6개월 무렵이다.

내 아기는 치발기를 물지 않았고, 다른 그 무엇도 입에 잘 넣으려 하지 않았다. 구강기를 얌전히 보내려는 아기라고 생각했다. 친정엄마는 그래도 쪽쪽이를 물리라고 했다. 손 빠는 아이가 되어 버린다면 쪽쪽이를 떼는 일보다 손 빨기를 멈추는 게 더 힘들다는 말과 함께. 공교롭게도 그 시기에 읽었던 육아서에 손 빨기와 쪽쪽이를 비교하는 대목이 있었다. 그중 '손 빠는 습관은 5세 이전까지는 구강구조에 영향을 미치지 않는다.'와 '두뇌발달에 도움이 될 수 있다.'가 눈길을 끌었다. 내 지능이 평균 이하라 아이에게 유전될까 염려되기도 했고, 혹여 그렇다고 하더라도 손끝 자극을 받아 조금이나마 나보다 낫길 바라는 마음에 나는 쪽쪽이를 물리지 않기로 했다. 어리석은 엄마가 비합리적인 사고에 빠져 잘못된 선택을 한 것이다.

처음엔 잠들기 전 내 품에 안겼을 때만 빨더니 자다 깨어나면 습관처럼 엄지손가락을 입에 물었다. 점차 빈도가 늘어나 내가 설거지를 하거나 나와 함께하는 놀이에 흥미를 잃었을 때도 빨고, 이앓이 시기에는 더욱 강하게 깨물어 손톱이 자랄 새가 없었다. 아기의 손 빠는 모습을 지켜보는 내 마음은 이루 말할 수 없이 참담했다. '내가 사랑을 덜 줬나?', '더 재미있게 놀아줘야 하나?', '집안일을 모두 제쳐두고 아이가 깨어 있는 동안에 온전한 관심을 줘야 하나?', '수면 교육을 너무 이르게 시작했나?', '안 물려고 하더라도 쪽쪽이를 꼭 물릴 걸….'

육아서에 따르면, 이미 손 빨기가 고착된 아이에게 강압적으로 빨지 못하게 하는 건 아이의 가장 소중한 친구를 빼앗는 것과 같다고 했다. 쓴맛이 나는 약물을 쓰는 것도 아이에게 해롭다고. 어영부영하다 두 돌이 되었고 마음이 다급해진 나는 몇 가지 시도를 해봤다. 손톱에 스티커 붙이기, 손에 양말 씌우기 등 역시나 시도하는 족족 실패. 그사이 5개월이 흘렀다. 아이에게 그 시간은 꽤 길다. 그리고 문제는 아이가 아니라 문제 삼은 나였다는 것을 분명히 인식하는 시간이기도 했다.

나와 같이 아이의 손 빠는 습관으로 고통받는 엄마들이 있다면 유튜브 '조선미의 육아공감' 중 '하루 종일 쪽쪽쪽, 손가락 빠는 아기, 대체 왜?' 편을 들어보길 권한다. 영상 말미에는 아이들 행동의 99.9퍼센트는 정상적이며, 하나하나의 행동에 너무 민감하게 반응하지 말라는 조언이 담겨 있다. 현재 29개월 또또는 여전히 잠들기 전엔 손가락을 빨지만 낮에는 거의 빨지 않는다. 내가 특별히 더 재밌게 놀아 줘서가 아니라, 내가 아이 행동에 무덤덤해지니까 어느새 빈도가 줄어들어 있었다.

**도토리_올튼**

#올튼 #세달째통잠없음

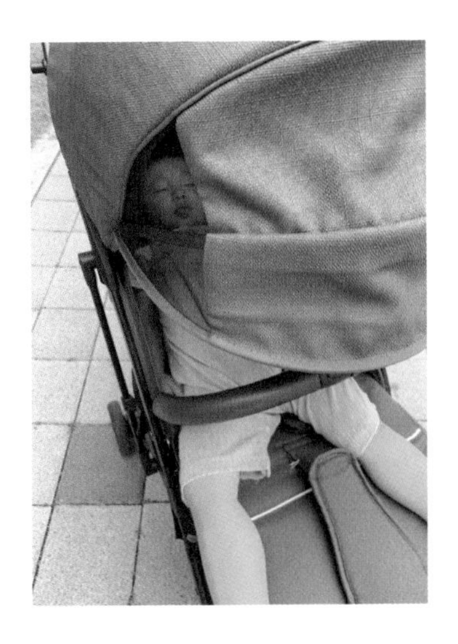

저 좀 우울한 것 같아요. 올튼이가 잠을 너무 못 자고 밥 먹는 습관도 다 흐트러지고 집도 개판이고 제 꼴도 엉망이고 잠 습관도 유모차 태우고 몇 바퀴를 돌아야 겨우 자요. ㅠㅠ

수면 교육이다 뭐다 해서 일부러 이것저것 해 보려고 하는데 다 잘 안 되고…. 긍정 마인드를 업업 시켜 보려고 노력하는데도 자꾸 눈물이 나고 너무 힘들어요.

그렇다고 뭐 뛰어내리고 싶고 그런 건 아닌데, 번아웃일까요? TV 보여주며 밥 먹이는 게 정말 싫은데 가만히 앉아서 먹으려고 하지 않으니까 어쩔 수 없이 또 TV 앞에 앉아 있고… 저 울면서 와퍼 먹어요. 젠장 이 상황에 밥은 또 들어감.ㅠㅠ

## 댓글 8

**땅콩_준**

저도 번아웃 증후군이 찾아온 적이 있어요. 그때는 덤덤히 받아들여야 하더라고요. 긍정 마인드를 갖는 것도 어렵고요. 복직하고 보니 복닥거리며 집에서 아이들과 함께하던 시간이 그리워요. 집에 가면 우리 애들한테 더 잘해 줘야지, 생각해요.

---

**꼬모_윤**

육아는 롤러코스터예요. 감정이 오르락내리락하더라고요. 저도 극한 우울에 빠졌다 헤어 나오길 반복하며 두 아이를 키워요. 지금껏 누구보다 열심히! 밝게! 잘해 오신 것 같은데 잠깐 쉼표가 필요한 시기 같아요. 맘껏 널브러지고 바닥을 치고 나면 다시 에너지가 채워질 거예요. 윤이는 밥 먹는 습관 엉망에 밥을 다 먹는 날이 드물고 간식만 찾는데다 치카도 안 해요. 복직 이후로 청소는 물 건너가서 집은 진짜 개판에…. 저는 안구건조가 너무 심해져서 눈 전체가 빨갛게 충혈되고 뻑뻑해요. 무조건 밥심인 거 아시죠? 힘들어도 슬퍼도 먹어야 합니다! 잘 챙겨 드세요.

---

**비엔_꼬북**

에구…. 저랑 상황은 다르지만 입덧 심했을 때 우울한 그 마음은 비슷하네요. 집 개판은 제가 입덧을 시작한 7월부터 지금까지 계속이고요. 근데 전 몸과 마음이 힘들어 아무것도 안 하니 더 우울하고 시간이 안 가던데 여러 가지로 노력하시는 게 너무 대단하고 본받고 싶어요. 일단 시도하시는 게 어딥니까. 그 에너지로 이 상황도 곧 극복하실 거예요. 그리고 이 상황은 곧 지나갈 거예요. 육아를 살짝 내려놓아 보세요! 전 입덧 시작하고 육아를 아예 놔 버렸는데, 지금 우리 꼬북이 나름 잘 크고 있어요.

# 엄마의 소망 아가야, 제발 잠 좀 자자

수면은 인간의 본능적 욕구라 하였거늘 왜 내 새끼는 그 본능에 충실하지 않은가. 그 옛날 독립운동가나 민주화 운동가들에게 왜 잠으로 고문을 했는지 잘 알 것 같다. 아들아, 엄마가 그 시대 난다 긴다 하는 운동가였어도 이만큼 안 재웠으면 기밀 사항을 술술 불었을 거다. 좀 자자, 제발 자자. 이렇게 부탁할게, 응? 밤에 안 자려는 애를 안고 불 꺼진 집들 보며 많이 울었다. 지금도 밤마다 애를 업고 창가에 서서 저 집은 애가 없나, 아니면 저 집 애는 잘 자나, 난 왜 이러고 있지, 온통 잠 생각뿐이다. 깨어 있는 밤이 꽤 오래 이어지자 낮에도 눈물이 나고 기분은 축 가라앉는다.

하루는 놀이터에서 처음 만난 아이 엄마가 자기 아이는 18개월인데 친구인 것 같다며 말을 걸어왔다. 당시 우리 아이는 23개월. 그래서 "아이가 크네요." 했더니 잘 먹고 잘 자서 큰 것 같다며 밝게 웃는다. 따라 웃으려고 했지만 나도 모르게 얼굴이 일그러진다. 난 피곤에 절고 누렇게 떴는데 그녀는 새하얀 백자처럼 빛이 난다. 그 아이와 엄마가 떠나는 뒷모습을 보며 '그래, 너희 집 애 잘 먹고 잘 자서 참 좋겠다!' 하고 소리를 질렀다, 마음속으로.

성장통, 이앓이, 야제증(갓난아이가 낮에는 괜찮다가 밤이면 불안해하고 계속 우는 병증), 야경증, 어두움, 온도, 습도, 미디어 노출, 철분 부족 등 아기수면연구소의 수석 연구원을 자처하여 변인통제를 하고 분석도 했다. 그런데도 계속 밤새 깨고 울기를 반복한다. 나중에는 어디가 아픈 건 아닐까? 이러다 뇌 발달에 문제가 있으면 어쩌나? 그런 생각에 또다시 검색의 노예가 된다. 수면용품도 안 써 본 게 없다. 선배 엄마들 말로는 시간이 약이라는데 정말로 시간이 켜켜이 쌓이면 괜찮아질까? 밤새 울고 깨기를 반복하고 일어난 아이를 안고 밤에 왜 울었는지 물으니 아이가 씩 웃는다. 잠 못 자서 죽겠는데 어째 귀엽다. 아니, 상당히 귀엽다. 귀여우면 다냐!

여전히 하룻밤에도 기저귀를 두세 개씩 갈아 달라고 한다. 자다가도 벌떡 일어나 내 겨드랑이를 찾아 파고들고 내 얼굴로 자유낙하하는 뒤통수를 피하며 지내고 있지만 확실히 예전보다는 잘 잔다. 잘 재우려고 내가 노력하는 것과 관계없이 아이는 크고 변화하는 것 같다. 그렇다면 너무 걱정하지 않아도 되는 거 아닐까? 적어도 엄마가 뭔가 잘못해서 못 자는 건 아닌 게 확실하다. 가끔 잘 잤을 때, 이제 드디어 잘 잘 때가 왔다며 입방정을 떨면 곧장 잠투정의 끝을 보여 주지만, 건강하게 잘 자라니 그걸로 됐다. 올튼아, 오늘은 제발 통잠이 무엇인지 엄마에게 보여 줄래?

**연두_난이**

#난이 #잠자리분리

어른 침대에 같이 누워 재운 후 잠들면 아기침대로 옮기다가, 아기 침대에 바로 눕혀 재운 지 이제 보름 정도 됐어요. 그동안 침대 난간 사이로 손을 넣어 토닥이기, 가만히 손 얹고 있기, 아기 침대 옆에 앉아만 있기, 어른 침대에 누워 있기(엄마 안 보임)를 거쳐 좀 떨어진 소파에 앉을 수 있게 되었습니다.

잘 자라고 이야기하고 안고 노래 한 곡 정도 부른 후, 인형과 같이 눕히고 이불을 덮어 줍니다. 엄마는 저 옆 소파에서 잠들 때까지 기다린다고 말하고 바로 소파로 가서 조용히 기다려요.

그러면 우웅우웅 소리 내고 발 들었다 내렸다 한참 놀다가 결국엔 스르르 잠들어요. 흑흑. 처음 며칠은 울고 자꾸 일어나서 난간에 매달렸는데 이렇게 쉽게 재우다니 꿈만 같아요.

육아책에 나오는, "아가, 안녕. 잘 자." 하고 스르륵 잠드는 '알흠다운' 이야기가 나에게도 불가능하지 않으리라는 희망이 생깁니다!

추가)

침대 새로 샀어요! 신생아 때부터 쓰던 카메라 계속 잘 쓰고 있어요. '강추'입니다.

댓글 13

**여름_봉봉이**

방금 발뒤꿈치에 얼굴을 가격당하며 사투 끝에 간신히 재운 후 이 글을 보는데, 난이도 연두도 너무 대단해요! 아기 때 수면 교육, 인사하고 방문 닫고 나가기는 정말 남의 집, 책 속의 이야기라고만 생각했는데 난이는 곧 가능할지도 모르겠군요!

---

**완두_심쿵**

혼자서 잠드는 과정에서 얼마나 힘드셨을지…. 고생하셨어요. 심쿵이는 쭈쭈 만지며 자는 아이라 가능할지 모르겠지만 어제 새벽 3시부터 3시간 동안 만져대고 못 만지게 하면 울어서 저도 잠을 못 잤거든요. 일어나서도 안 울고 엄마, 아빠 부르는 거죠? 난이 진짜 대단하네요. 저도 참고해서 해 볼게요!

---

**도토리_올튼**

난이 분리 수면, 재우기 너무너무 부럽습니다. 저는 범퍼 침대에 같이 누워 재우는데 요즘 자꾸 엄마 침대로 올라오네요.ㅠㅠ 잠자리 분리하려면 며칠 울며 매달리는 아이를 견뎌야 하는 거군요. 저도 해 보고 싶어요. 그래야 더 육아의 질이 좋아질 것 같습니다.

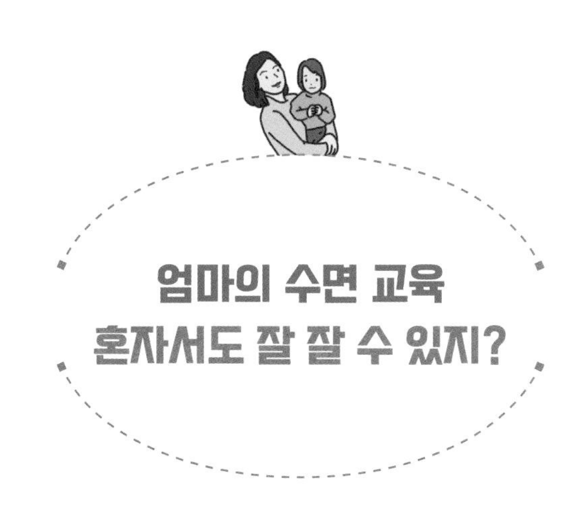

# 엄마의 수면 교육
# 혼자서도 잘 잘 수 있지?

얼마 전 훈육이라고 할 만한 것을 처음 해 보았다. 훈육은 세 돌부터 하라는 말도 있지만, 옳은 것을 가르치는 데 시기가 따로 있지 않다는 말에 더 마음이 간다. 이 부분이 육아에서 남편과 내가 갈등을 겪는 지점이긴 하지만. 남편은 내가 고작 만 2세인 '아기'에게 너무 바라는 것이 많고 엄격하다고 말한다. 글쎄, 나는 24시간 아이를 돌보는 주 양육자로서, 또 아주 민감한 감각을 지닌 사람으로서 내 아이가 할 수 있는 것과 없는 것을 나 자신이 비교적 잘 구분할 수 있다고 본다.

아이와 여느 때처럼 놀고 있었는데, 갑자기 눈에 별이 보였다. 아이가 가지고 있던 장난감으로 내 눈을 내리찍은 것이었다. 낮은 목소리로 "때리면 안 돼, 미안하다고 해." 하니 역시나 아이가 울기 시작한다. 몇 차례 반복된 일이었다. 자신에게 부정적인 반응을 보이면 심하게 운다. 그날은 마음먹고 훈육을 시작했다. 때리면 안 된다고, 미안하다고 하라고 요구하자 아이는 울음을 무기로 나와 대치했다. 그러다 어느 순간부터 "안아 주세요." 하며 내 품으로 들어오려고 했다. 나는 소파에 앉은 채로 손바닥을 가슴 앞에서 바깥쪽으로 해서 아이가 나를 안지 못하게 했다. 눈물을 뚝뚝 떨어뜨리며 우는 아이를 두고 설거지도 하고 저녁도 준비했다.

그럼에도 내 신경은 온통 아이에게 가 있었고, 이게 맞는지 계속 의심과 회의가 들었다. 중간중간 사과하라는 나의 요구에 아이는 꿈쩍도 하지 않고 땀과 눈물을 줄줄 흘리며 넘어갈 듯 더 큰 소리로 울었다. 그리고 다시 한 번 "미안하다고 해."라고 말하자 잠시 숨을 멈추는가 싶더니 토하듯 "엄마, 미안해요."라고 했다. 내가 안아주자 어깨에 기대 더욱 크게 통곡을 했다. 시계를 보니 한 시간 반이 지났다. 곧 쾌활한 목소리로, 저녁으로 준비한 파스타를 가리키며 "엄마, 파스타 먹을 거예요. 파스타 맛있어요! 배고파요."라고 하는데, 이번엔 내가 울 뻔했다. 이 짠하고 어린것에게 내가 무엇을 가르친다고.

그렇지만 나는 안다. 이 아이가 할 수 있다는 것을. 아이에게 맞는 방법으로 가르친다면 무엇이든 해낼 수 있다는 것을. 수면 분리도 그랬다. 두 돌도 채 되지 않은 시점이었는데 나는 확신했다. 이제 큰 고비 없이 잠자리를 분리할 수 있고, 아이가 더 잘 자고 기분 좋게 일어날 수 있으리라는 것을 알았다. 어떻게 알았는지 묻는다면, 그냥 안다고 말할 수밖에 없다. 아이의 행동이 그 방향을 가리키고 있음이 보였다.

어떤 아이들은 수면 분리가 필요 없을 것이다. 또 어떤 아이들은 시간이 조금 더 걸릴 수도 있고, 또 어떤 엄마들은 본인이 원하지 않을 수도 있다. 정답은 없다. 아니, 답은 언제나 엄마 안에 있다. 그러나 대부분 엄마가 아이에 대해 안다고 말할 때 스스로 검열하게 된다. 안다고 자만하다가 실수할까 봐 두려워하기 때문이다. 엄마는 분명히 안다. 내 아이가 할 수 있는지 없는지를. 그래서 어떤 시도든 해도 좋다. 언제 어린이집에 보내야 할지 혹은 좀 더 자라서는 이 아이에게 수학 선행을 어디까지 시켜야 할지 같은 답 없는 고민을 할 때, 엄마는 누구보다 자신이 잘 안다는 사실을 기억하길 바란다. 어차피 책임도 엄마가 다 지므로 실수해도 괜찮다. 그래서 사기가 꺾였을 때 우리가 함께 아이가 자라는 것을 지켜봐 왔노라고, 당신이 옳다고 지지해 줄 동료가 필요한 것 아니겠는가.

## ♡온마을♡

**여름_봉봉이**

#봉봉이 #어린이집고민끝

최근 어린이집 이야기로 계속 고민하고 온마을에 무거운 이야기 드린 것 같아 죄송했어요. 이제 어린이집 고민이 마무리되어 말씀드리고 싶어요.

지인에게 그 어린이집에 대한 안 좋은 이야기들을 들었어요. 어린이집에서 팔꿈치가 빠진 사례, 정서적 학대가 의심되는 사례, 애들 반찬이나 간식을 챙기지 않는다 등의 이야기를 듣는데 마음이 덜컹 내려앉더라고요. 내일 바로 퇴소하기로 했어요. 걱정스러워 하루도 더 보낼 수가 없더라고요.

낯선 곳에 적응하기가 힘들어 그런지, 선생님한테 쏘옥 안겨서 좋다고 하는 아이를 보며 긴가민가 계속 미루고 있었던 제가 원망스러웠어요. 집에서부터 안 나가려고 하고 차에서 안 내리려고 격렬하게 울던 봉봉이를 보면서도 저는 바보같이 웃으며 손 흔들고 나왔네요. 초반에 잘 다니다가 언제부턴가 어린이집을 너무 싫어하고 불안해했는데, 그때 분명 무슨 일이 있었지 싶어요.

전에 봉봉이가 심하게 울어서 신고가 들어온 적이 있다고 하셨거든요. 그땐 그 이야기를 듣고 너무 죄송하다고 생각했는데, 그것도 곱씹을수록 혼자서 얼마나 오래 울게 됐으면 신고가 들어오고 봉봉이는 목이 쉬어서 왔을까 싶더라고요.

저와 봉봉이에게 어찌 이런 일이 일어났나 싶어 마음이 어지럽고 속상하지만, 지금이라도 알아서 다행이라고 생각하려고요. 봉봉이가 얼른 잊고 다음에 새로운 곳에서 즐겁게 지낼 수 있기를 간절히 바라고 있어요. 걱정하며 조언해 주신 분들께 감사드려요.

봉봉아, 웃는 사진들만 보내 주면서 잘 지낸다고 하니 그런 줄로만 알았어. 엄마가 몰랐어, 엄마가 미안해.

댓글 12

**완두_심쿵**

잘 하셨어요! 정말 잘 하셨고 그나마 빨리 알게 되어 다행이네요. 저렇게 웃는 사진 사실 우리 찍어 봐서 알잖아요. 심쿵이 하루 종일 기분 안 좋은 날도 사진으로 남기는 그 순간에는 굉장히 행복해 보이기도 한다는 거요. 다음 어린이집은 봉봉이가 신나서 다닐 것 같아요.^^

---

**꼬모_윤**

이렇게라도 알게 되어 다행이에요. 잘 지내던 봉봉이가 어린이집에만 그런 반응 보일 때, 그리고 선생님들이 아이에게 너그럽지 않을 땐 이유가 있더라고요. 봉봉이 행동이 저희 첫째 때와 비슷한데 선생님들 반응이 너무 달라서 처음부터 이상했거든요. 아마 출석 일수 11일을 못 채웠으니 자비 부담일 거예요. 그건 속이 쓰린데, 이번 달 15일 전 변경이면 대신 양육수당이 나올 테니 그 돈으로 낸다 생각하셔도 될 것 같긴 해요. 그동안 봉봉이도 고생 많았고 엄마도 속앓이하느라 애쓰셨어요. 토닥토닥 안아드려요.

---

**연두_난이**

어휴, 가슴이 얼마나 철렁하셨을지. 미안한 마음은 접어 두시고 봉봉이 마음 다독여 주세요. 그래도 계속 고민하고 봉봉이 마음 살펴보고 해서 알 수 있었던 거지, 대수롭지 않게 생각했으면 올케 언니한테도 얘기 않고 지금껏 몰랐을 수도 있어요. 차라리 시원하게 해결되어 다행이에요. 뒤도 안 돌아보고 다른 곳에 갈 수 있으니 그것도 또 좋은 일일 거예요.

---

**나무_또또**

늦지 않게 알아채서 정말 다행입니다. 봉봉이, 근처에 좋은 어린이집을 다시 만났으면 좋겠어요!

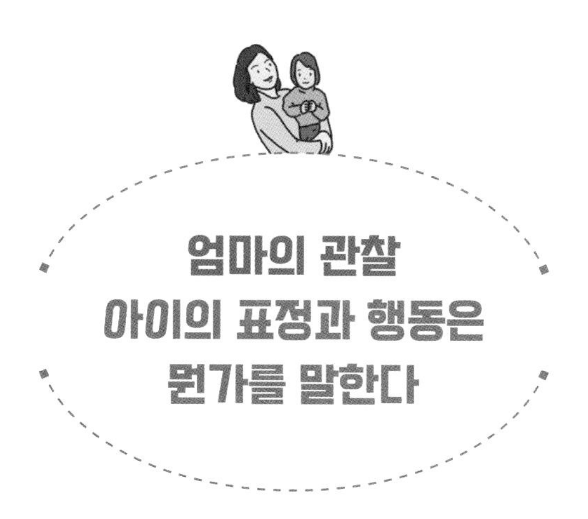

# 엄마의 관찰
# 아이의 표정과 행동은 뭔가를 말한다

아이는 때맞춰 잘 자랐고, 큰 병치레 없이 성장했다. 그렇게 저절로 크는 줄 알았다. 이제 어린이집에 갈 때이니, 이 또한 금방 적응하겠거니 했다. 아이는 새로운 곳에 가거나 친구들을 만나도 큰 거부감 없이 잘 노는 편이었다. 그래서 어린이집 적응에 대해 별걱정을 하지 않았는데, 내 아이가 기본적으로 예민하고 엄마와 떨어져 지낸 시간이 거의 없었다는 복병을 발견했다.

아이는 20개월에 어린이집에 입소했다. 아이들이 다 그렇듯 처음 며칠은 울면서 들어갔다. 며칠 지나지 않아 울지 않고 들어가 잘 놀길래 마음을 놓았다. 그런데 아파서 보름 정도 쉬었다가 다시 다니기 시작하면서부터 어린이집에 대한 거부반응이 몹시 심해졌다. 어린이집 들어갈 때 울던 아이가 조금 지나선 어린이집 주차장에 도착하면 울기 시작했고 나중엔 집에서부터 안 나가겠다며 울었다. 갈수록 저항이 심해져 매일 아침 어린이집에 가는 것이 전쟁이나 다름없었다. 아침마다 긴장한 채로 아이의 기분을 살폈고, 서럽게 우는 아이를 겨우겨우 들여보내 놓고도 마음은 좌불안석이었다. 어린이집에서 또 연락이 오는 건 아닐까, 수시로 휴대전화를 들여다보고, 혹시라도 벨 소리가 들리면 심장이 쿵 내려앉았다.

적응하는 데 오래 걸리는 아이들이 있다고, 시간이 지나면 곧 울지도 않고 잘 다닌다는 주변 사람들의 말에 불안한 마음을 숨긴 채 일부러 아이한테는 더 의연하게 웃으면서 손 흔들어 들여보내기를 계속했다. 하지만 아이의 울음은 점점 심해졌다. 어떤 날은 너무 울어 목이 쉬고 눈과 얼굴이 퉁퉁 부은 채로 하원하기도 했다. 그 와중에도 어린이집에서 보내 준 사진 속 아이는 늘 즐겁게 놀고 웃고 있었다. 즐거운 기억을 상기시키려고 사진을 보여 주자 아이는 불안해하며 내 뒤로 숨으려 했다. 그때 무언가 잘못되었구나 하는 생각이 들었다. 어쩌면 이 어린이집은 우리 아이와 잘 맞지 않거나 문제가 있을지도 모른다. 그리고 불길한 예감은 틀리지 않았다. 그 후 일어난 일들에 대해선 기록으로 남기고 싶지도 않고 그럴 가치도 없으나, 굳이 요약하자면 당장에 어린이집을 그만두어 더 큰 화를 면할 수 있다는 것이다.

아이는 어린이집을 옮긴 후 너무나 즐겁게 잘 다니고 있다. 기관 생활을 처음 시작한 아이가 보살핌을 받지 못하고 얼마나 외롭고 불안하고 힘들었을지 생각하면 마음이 아프다. 다행히 당시 아이의 표정과 행동에서 아이의 감정 상태를 놓치지 않아 보호자로서 아이를 대변할 수 있었다.

집에서 엄마인 내가 아이를 먹이고 입히고 재울 때는 아무런 문제도, 걱정도 없었는데 이제 아이가 사회생활을 시작하니 작은 말과 행동도 신경 쓰이고 걱정이 된다. 오늘도 어린이집에서 열심히, 즐겁게 뛰어놀고 하루만큼 자라 돌아오기를 기다린다. 물론, 어린이집에서 돌아오기 전까지 엄마는 참으로 여유롭고 행복하다는 건 엄마들만 아는 비밀.

♡온마을♡ 

**연두_난이**

#난이 #성장발달 #떼

난이가 요즘 이상(?)해요. 고집불통에 자기 멋대로인 건 인지가 발달하면서 자연스러운 과정 같은데, 갑자기 엄청나게 울고 잘 그치지도 않아요. 예를 들어 밥 먹다가 손가락을 입에 넣지 말라고 하면 그때부터 대성통곡을 해요. 오늘은 2년 동안 잘 신어 온 양말을 갑자기 안 신겠다며 엄청나게 울었어요. 한번 울면 밥도 못 먹여요, 잔뜩 흥분해서. 요 며칠은 일단 강제로 신기고 밖에서 놀면서 '양말 신어도 하나도 안 아프지?' 열 번은 물었는데, 그때마다 안 아프다고 해요. 근데 좀 놀다 보면 다리가 아프다고 안아 달라고 대성통곡을 하는데 이때부터 어떤 방법을 써도 진정시킬 수가 없어요.

며칠 전에는 난이가 "장난감 이거 라온이(사촌동생) 주자."고 해서 제가 그러자고 하니 또 갑자기 울음을 터뜨려요. 그래서 전략을 바꿔서 "아니야, 난이 거야. 라온이 안 줘도 돼."라고 했는데 또 울어요.

왜 이러죠? 한 가지 가설은, '신경계가 발달하고 있어 감각이 굉장히 민감해졌다.'인데요. 뒷받침하는 근거로는 기저귀 갈 때 배나 옆구리에 손이 스치기만 해도 간지러워서 자지러져요. 아니, 몸에 손 안 대고 어떻게 기저귀를 갈라고, 진짜!

청소기 돌리면 또 무섭다고 울고. 목

욕하고 발가벗고 뛰어다니면서 인형을 자기 몸에 대고 "보들보들해."라고 해요. 청각, 촉각이 엄청 민감해진 것 같아요.
잘 놀기는 하는데 양치, 목욕, 옷 갈아입기, 밥 먹기 등 뭔가를 시키려면 떼가 어마어마해서 뭔가를 하기가 겁나요. 다들 이렇게 힘들게 아이 키우셨어요? 아… 그동안 수월했다, 이제야 당하는구나 하는 생각을 잠시 하기도 했습니다. 애들이 다들 이런가요? 어디까지 받아주고 끊어야 하는지 고민이 돼요.

**댓글 6** ▼

**비엔_꼬북**

꼬북이가 난이보다 어려서 조언을 드릴 순 없지만 전 그냥 그때그때 들어주는 편이고 들어줄 수 없을 때는 먹을 걸 주거나 뭔가를 보여 주거나 하여 관심을 다른 데로 돌려요. 저도 처음엔 떼가 늘수록 당황했는데, 이젠 적응이 된 것 같기도 해요.

---

**완두_심쿵**

저는 제가 섬세하지 못해서 그런지 심쿵이의 변화를 잘 알아차리지 못하는 편이라 난이의 변화가 굉장히 신기해요. 뭔가 사춘기 소녀 같기도 하고. 심쿵이는 할 줄 아는 말이 아직 없어서, 저런 표현을 한다는 것 자체도 아주 신기하구요.^^ 암튼 힘내세요!

# 엄마의 확신<br>우리 딸은 잘 크고 있다

"놀이터 갈래?"

"시러요, 시러요. 집에서 놀고 시퍼요."

"그러면 우리 쓰레기 버리러 갈까?"

"시러요, 시러요."

"아, 맞다! 선물 있었지? 돼지 카메라 비눗방울 할까?"

"시러요, 시러요."

"가기 싫구나. 그럼 우리 집에서 놀까?"

"나가고 싶어요! 나가고 싶어요!"

"……"

오라면 오고, 가라면 가고, 음식 만들고 있으면 옆에 와서 입을 아 벌리고 있던 우리 아이가 사라졌다. 갑자기 시작된, 산책을 포함해 엄마가 시키는 모든 것에 대한 거부. 요즘 내 주된 업무는 딸아이 비위 맞추기다. 살살 달래고 꾀야 양치도 할 수 있고 낮잠도 재울 수 있다.

곧 있으면 직장으로 복귀하는데, 아마도 지금의 경험 덕분에 천하무적이 될 듯하다. 적어도 성인과는 대화라도 되니까. 의식주와 기본 욕구를 포기한 채 철저한 을의 입장에서 2년을 살았으니, 돈도 주는데 동료들, 상사들, 고객들 비위 좀 못 맞출까 싶다.

아이는 변한다. 우리 아이는 아주 조심스럽고 섬세한 편이다. 신이 나서 몸을 흔들고 방방 뛰는 일이 극히 드물다. 잔잔한 물결 같은 아이 욕구를 잘 포착해서 충족시켜 주면 작은 것에도 즐거워하고 오랫동안 그 기분을 누린다. 아이의 성향은 엄마인 나와 아주 닮아 보인다.

그래서 쉽게 키웠다. 아이 기분이 내 기분이니까. 솔직히 말하면 다른 부모들을 보며 '왜 저런 식으로 키우지?' 마음속으로 생각한 적도 많다. 마트에서 울고 떼쓰는 아이한테 짜증 내면서 엉덩이 때리는 부모를 보며 한심하게 생각한 것을 참회합니다. 어머님, 죄송합니다.

이제 나는 갑자기 상승한 육아 난도에 적응해야 한다. 지난 2년간 잘 신어 왔던 양말을 오늘부터는 안 신겠다는 이유를 알아내서 양말을 신겨야 한다. 속에 모래가 있었나, 실밥이 엉켰나, 미끄러웠나, 땀이 찼나, 신발이 작았나, 대체 양말 속에서 어떤 일이 일어났는지 진상을 밝혀야 한다. 신나게 미끄럼틀 타고 나서 갑자기 우는 이유를 추측해서 올바른 답을 찾아야 한다. 그래야 이 울음을 멈출 수 있다. "어, 저것 좀 봐." 하고 시선을 돌리는 건 이제 안 통한다. 잠시 쳐다본 후 별것이 없으면 더 크게 울어버리니까.

아이는 이보다 예쁠 수가 없는데, 키우기가 너무 어렵다. 연애도 이보단 쉬웠다. 아무튼 될 때까지 틀린 보기를 하나하나 소거하며 답을 찾거나, 감사하게도 우리 님께서 울음을 거둬주시길 기다리거나. 그런데 이것 참, 너무나 다행이다. 내 애만 그런 것이 아니었다. 다들 그렇단다. 그리고 재미있는 것이, 다들 자기 아이를 보며 자신의 양육 태도를 반성하고 있다는 사실이다. 우리 반성하지 맙시다. 원래 그렇다고 합니다. 잘 크고 있다잖아요. 먼저 겪은 엄마들이 그러는데 다 지나간다고 합니다. 그분께서 돌변하실 때마다 종이를 꺼내 '잘 크고 있다'를 열 번 씁시다.

**땅콩_준**

#준 #이제다시워킹맘

오랜만에 인사드려요. 복직하고 한 달이 지났네요. 시간 날 때마다 올려 주신 글들 다 읽고 있습니다. 다른 시간은 없어도 밴드 글 읽을 시간은 꼬옥 확보합니다!

그동안 준이도 잘 지냈답니다. 저는 복직 후 중학교 3학년 담임을 맡는다고 하여 엄청나게 긴장했는데 막상 학교에 가니 이상하게 몸이 기억하고 있네요? 휴직이 무색하게 바로 적응했어요. 집에 있는 것보다 일하는 게 더 맞는 체질인가 봐요. 옷도 예쁜 거 입고 화장도 살짝 하고 뭔가 사람다운 느낌이랄까?

주말부부로 애 둘 키우며 독점육아에 복직까지. 제가 생각해도 대단하군요. 스스로 쓰담쓰담해 주는 금요

일 새벽입니다. 온마을 여러분도, 잘 하고 있다고 셀프 쓰담해 주세요.^^

**댓글 9** ▼

**연두_난이**

이십 년 휴직 후 복직해도 잘하실 것 같아요! 신규 때도 나오자마자 잘하셨을 것 같고요. 복직자의 희망이자 자존심이십니다!

---

**여름_봉봉이**

복직하시고 바쁘시죠? 복직 파이팅! 전 벌써 두렵네요. 두 아이 육아와 일 병행하느라 힘드실 텐데 건강 챙기셔요.

---

**비엔_꼬북**

저도 내년에 주말부부 예약이라 넘 두렵네요.ㅠㅠ 언제부터 주말부부이셨는지, 평일에 신랑 없이 어떻게 육아하시는지 등등 궁금한 게 많아요! 게다가 9월부턴 복직까지! 쓰담쓰담 백만 번 해 드려요.

---

**나무_또또**

복직하고 매우 바쁘시죠? 그래도 짧은 가을을 아이들에게 자주 보여 주고 싶어 좋은 곳 찾아다니시니, 영준 남매가 참 행복할 것 같아요. 저도 더불어 눈 호강합니다.^^

"일할래, 아이 볼래?"라고 흔히들 질문한다. 여기엔 정답이 있다. 일하고 있으면 아이들 생각나고, 아이를 돌보고 있노라면 일하고 싶어진다는 것. 워킹맘은 이도 저도 소홀한 자신의 신세를 한탄하고, 전업맘은 일하러 가고 싶어도 갈 수 없는 상황에 낙담한다.

첫째를 낳고 복직했을 때는 친정 부모님이 육아 지원군으로 등판하신 터라 어려움이 전혀 없었다. 하지만 둘째를 낳고는 상황이 달랐다. 여섯 살 터울이 나는 동안 친정 부모님의 시계는 더 빠르게 흘렀고, 코로나19 사태로 상황이 좋지 않았다. 자연스럽게 복직도 미뤄졌다. 그렇게 아이 둘 데리고 24시간 가정 근무하는 전업맘이 되었다. 그런데 소위 '집에서 노는 엄마'인 전업맘, 보통 일이 아니다.

일단 아침부터 폭주한다. 우아한 커피 한 잔은 사치다. 일어나자마자 배고프다는 아이들을 위해 서둘러 아침을 준비하고, 먹이고, 치운다. 동시에 각자 가야 하는 곳으로 갈 준비를 해서 내보내고 집안일을 해치우는 일련의 과정에서 앉아서 밥 먹을 시간도 없어 국물에 밥을 말아 후루룩 마시곤 했다. 저녁때는 아침에 했던 일이 다시 거꾸로 반복된다. 그나마 숨 쉴 구멍을 내는 것이 아이들을 일찍 재우는 것. 늦어도 9시에는 불을 껐다. 아이들이 잠들고 나면, 자는 모습을 흐뭇하게 잠시 지켜본다. 그리고 그때부터 나만의 소중한 시간이 시작된다. 나만의 하루 정리 일과는 따뜻한 차 한 잔.

육아휴직이 끝나고, 둘째가 24개월이 되는 시점에 복직했다. 복직 후 예상되는 변수들이 두려웠다. 코로나로 인해 우선 학교 상황이 달라졌고, 학교와 어린이집에 가는 아이들도 기관이 문을 닫는 상황이 반복되자 방법을 찾아야 했다. 일단, 초등학생 첫째는 친정 부모님께 맡기고, 24개월 둘째는 어린이집에 긴급 보육을 보냈다. 그래도 24시간이 모자란다. 출근해야 하는데 둘째는 다리에 붙어서 가는 곳마다 매달려 따라다니고, 첫째는 엄마 일하러 안 가면 안 되냐고 묻는다. 마음은 아프지만 얘들아, 엄마는 가야 한단다. 일과 육아의 병행이 이렇듯 힘들긴 하지만 어찌어찌 버티며 살아간다.

직장맘으로서 죄책감이 든다면, 매달 나오는 월급을 보며 위안을 삼으시길. 이 돈으로 우리 아이들을 먹이고 입힌다. 전업맘은 또 어떻고. 엄마 손으로 직접 아이들 먹이고 입히는 것보다 의미 있는 일은 없다. 처음으로 돌아가서, "일할래, 아이 돌볼래?"라고 묻는다면 나는 답을 고르는 대신 이야기할 것이다. 모든 엄마들은 칭찬받아 마땅하다고. 아무도 칭찬하지 않는다면, 방법은 셀프 칭찬뿐이다. 자, 지금 쓰인 그대로 동작을 따라 해 보시라. 먼저 양손을 가슴 앞으로 교차해 어깨에 가져다 댄다. 그리고 위아래로 움직이며 토닥토닥 두드린다. 그리고 입으로는 말한다.

"이 엄마를 칭찬합니다."

캔디_새로이

#새로이 #사고는순간 #죄책감

오늘 아침 출근길에 아이들을 시어머니 댁에 데려다주려고 엘리베이터를 탔는데 새로이 손이 문틈에 끼었어요.ㅜㅜ 얼른 잡아 뺐지만, 새로이는 주차장이 떠나가라 울었어요. 아팠겠지요. 첫째랑 얘기하느라 방심한 사이에 새로이를 못 챙겼더니 이런 일이 생겼네요. 새로이를 안아서 달랬더니 다행히 금방 울음을 그쳤어요. 겉으로 봐서는 크게 이상이 없

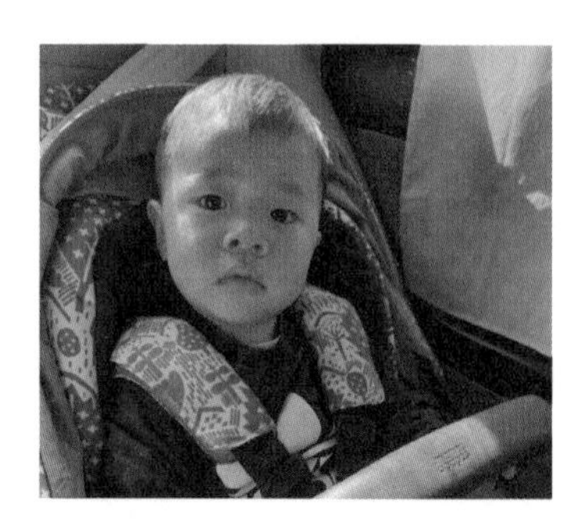

고 손가락도 구부렸다 폈다 해도 괜찮은데 그 순간 전 고민을 합니다. 이 사실을 알리고 어머님께 병원에 가 달라고 할까 아니면 괜찮다고 생각하며 넘길까?

시부모님께 말씀드리면 일단 혼날(?) 각오는 해야 합니다. 하지만 나중에 새로이 손가락에 이상이 있다고 하면 전 더 큰 후회를 하겠죠.
별 탈 없이 지나가기를 간절히 바랍니다. 다행히 새로이가 많이 다치진 않았나 봅니다. 그런데 고민을 하는 것 자체가 스트레스가 됩니다. 손주를 끔찍하게 사랑하는 시부모님이라 아이를 잘 돌보지 못하면 저는 죄인이 되거든요.

시부모님과 육아하면서 가장 상처받는 순간이 아이가 다치거나 아플 때 모든 잘못이 저에게 돌아오는 거였어요. 남편도 아이의 아빠이고 육아의 주체인데도 말이에요. 남편들은 아이들과 조금만 놀아줘도 좋은 아빠 소리를 듣지만 엄마가 아이들을 챙기는 건 당연하고 잘못하면 엄마 자질을 의심받는 게 현실이네요.
맞벌이 부부라 시부모님께서 물심양면으로 많은 도움을 주시지만 가끔 저 혼자 서글퍼질 때가 있답니다. 그 순간 아이를 다치게 한 건 제 잘못이지만 괜스레 어딘가에 하소연하고 싶어 주저리주저리 합니다.

P.S. 미안하다, 새로이! 엄마가 더 조심할게. 누나 키울 땐 안 그랬는데 새로이가 자꾸 다치는 것 같아 반성 많이 했는데도 자꾸 이런 일이 생기니, 어쩜 좋니?

댓글 11

**나무_또또**

에구구. 같은 상황이라면 저도 두 가지 고민 다 했을 것 같아요. 캔디 자신 탓은 하지 마세요. 아가들은 제가 바로 앞에서 지켜보고 있어도 다치더라고요. 또또는 제 바로 앞에서 식탁에 부딪혀 입안이 피범벅 된 일도 있어요.ㅜㅜ

---

**땅콩_준**

시부모님과의 이야기를 들으며 진짜 엄마가 중간에서 무척 힘들겠구나 싶었어요. 가까운 사이에서 받는 상처가 진짜 견디기 힘들더라고요. 엉엉. 같이 울어요.

## 엄마의 육아 메이트 맡길까, 말까

오늘도 나는 두 아이를 데리고 나의 시가인 아이들의 할머니 집으로 간다. 코로나로 인해 등원하지 못하는 첫째까지 시어머니께 맡기려니 마음이 무겁지만, 한편으론 어머님이 계셔서 정말 다행이다 싶다. 만일 일하면서 혼자 이 상황을 감당해야 했다면 정말 힘들었을 것이다. 일하며 육아까지 감당해야 하는 워킹맘들은 누군가의 도움이 간절하다. 그래서 피붙이라고 사랑으로 돌봐주시는 시부모님께 감사한 마음이 크다. 하지만 그렇다고 해서 다 참아지는 것은 아니다. 육아를 함께하는 육아 메이트 간에는 크고 작은 갈등이 필연적이다.

나는 첫째 돌 무렵에 복직하면서 시어머니와 공동육아를 시작했다. 처음엔 친정엄마가 안 계신 내게 육아 도움을 많이 주셔서 얼마나 감사했는지 모른다. 하지만 아이가 조금씩 커 가고 부모로서 훈육이 필요하다고 느끼는 시점부터 서서히 갈등이 빚어졌다. 퇴근하고 할머니 집에 가면 아이는 할머니 품에 안겨 내게 잘 오지 않았다. 아마도 먹고 싶은 간식을 계속 달라고 조르거나 물건을 던지는 등의 행동에 대해 엄마는 제지하고 훈육하기 때문에 아이는 더 싫었을 것이다. 하루 종일 놀아 주고 먹여 주고 기저귀도 갈아 주며 자기 뜻을 다 받아 주는 할머니가 더 좋을 수밖에. 하지만 내 입장에서는 아이에게 옳고 그름을 가르쳐야 했다. 잘못해서 훈육하려고 하는데 시부모님이 아이를 감쌀 때는 아이를 망치는 건 아닐까 걱정이 되었다.

혼란스러웠다. 중심을 잡기도 어려웠다. 나는 초보 엄마인데다 가보지 않은 길이라, 이미 자녀들을 장성시킨 어른들과의 갈등 구도에서 확신 있게 밀어붙일 수도 없었다. 무엇보다 난 아이를 맡긴 죄인이니까. 이곳은 아이가 귀한 시골이라 동네 할머니들이 일부러 모아 주시는 사탕을 맘대로 먹는 아이를 보며 이가 썩을까 봐 걱정스러웠다. TV를 너무 보는 건 아닌지, 버릇이 없어지는 건 아닌지 우려 섞인 눈으로 아이를 보았다. 공동육아에 대한 스트레스는 점점 커져 갔다. 그렇다고 맡기지 않을 수도 없었다.

공동육아에 대한 스트레스가 높아갈 즈음, 학교의 상담선생님과 우연히 이야기할 기회가 생겼다. 내 고민에 대해 그 선생님은 어린 시절 부모에게 받는 사랑과 별개로 조부모의 사랑을 받는 건 아이에게 정말 좋은 일임을 알려 주셨다. 할머니와 어린 시절을 보낸 많은 아이들이 바르게 잘 자랐으니, 너무 걱정하지 않아도 된다고.

그 대화 덕분에 생각이 아주 바뀌었다. 아이가 사랑을 더 많이 받는다고 생각하니 할머니, 할아버지의 지극정성과 사랑이 더 크게 와 닿았다. 어쩌면 부모로서의 책임감을 내려놓은 부담 없는(?) 사랑이 아이에게는 더 좋을지도 모른단 생각마저 들었다.

어느덧 아이는 훌쩍 자랐고, 네 살 터울의 둘째를 돌이 지나 다시 시어머니께 맡겼다. 첫째 때 느끼던 마음의 갈등은 이미 사라진 지 오래였다. 오히려 나를 대신해 아이를 돌보는 시부모님의 건강이 더 걱정스러울 때가 많다. 요즘은 조부모님도 손주 육아를 도와주는 일을 힘들어하신단다. 오죽하면 대화 주제가 손주 안 맡는 법이라니. 그런 분위기에서도 선뜻 도와주시겠다는 아이들 할머니, 할아버지가 감사하다. 사탕은 안 먹었으면 좋겠지만 좀 먹으면 어떠하랴. TV도 실컷 보고, 나중에 엄마랑 학습지 하면 되지.

조부모님이 가까이서 아이를 돌봐 줄 수 있는 상황인데 맡길까, 말까 고민하는 사람이 있다면 먼저 경험해 본 선배로서 조언하고 싶다. 아이는 부모의 사랑과 더불어 조부모님의 사랑까지 듬뿍 받아 정서적으로 충만한 아이로 자랄 테니 걱정은 조금 내려놓아도 좋을 것이라고. 아이를 잘 키워야 한다는 중압감을 내려놓고 주는 부담 없는 사랑은 내가 결코 주지 못하는 종류의 것이다.

꼬모_윤

#아빠육휴시절이야기

남편아, 육아휴직을 허락한다! 남편은 부푼 꿈을 안고 두 달간의 육휴만 바라보며 저의 임신 기간 내내 충성봉사합니다. 마침내 둘째인 윤이가 태어났는데, 남편은 조리원에만 오면 침대에서 곯아떨어졌어요. 그 이유인즉 첫째가 처음으로 엄마와 생이별을 하며 너무 많이 아팠다고 하네요. 위액까지 토할 만큼 고생했대요. 첫째 간호하느라 못 자서 조리원만 오면 잠든 거였어요.

유선염으로 열이 40도까지 오르며 아팠던 저 대신 첫째와 갓난쟁이 윤이를 퇴근 후부터 새벽까지 돌봤어요. 윤이가 아빠를 백일까지 밤새 안고 잔 적도 있고 바운서에서 재운 적도 많았는데, 남편이 누워 자는 훈련(?)을 시켜놔서 지금의 윤이가 되었답니다. 이제는 불 끄고 "잘 자." 하면 곧장 꿈나라로 갑니다.

12월 마지막 날 육휴 마친 소감을 물었더니 자기는 쉬고 싶어서 육아휴직을 한 건데 그야말로 육아만 하다

가 끝났대요.

종일 먹긴 먹는데 집에 갇혀 있고 움직임도 없으니 배에 가스만 차고 살만 찌고 잠을 자도 새벽에 계속 깨니 자도 자도 피곤하고 삶이 피폐했대요. 남편들이 이 시기에 육아휴직을 꼭 해 보면 좋겠다는 말도 덧붙였어요. 자기는 제가 힘들 거라 짐작은 했지만, 신생아 돌보기가 이렇게까지 힘든 일인 줄은 몰랐대요. 참고로 저희 남편 육휴 두 달간 8킬로그램 쪘어요. 너무 힘든데 자꾸 살이 찐대요. 밖에 나가지도 못하고 앉아서 애만 보니까 살이 찐다고 속상해합니다.

댓글 12

캔디_새로이

새로이 아빠도 8월부터 3개월간 육아휴직했어요. 믿음직스럽지 않은 남편에게 새로이를 맡기려니 고민이 많이 됐어요. 하지만 돌 정도 되니 조금 안심도 되고 복직하려니 남편이 있는 게 맘도 편하고 남편 월급도 나오니 일거양득이더라고요. 남편은 첫째 옷도 거꾸로 입힐 정도로 육아엔 꽝이라고 생각했는데 3개월 될 무렵엔 새로이 이유식도 척척 만들었어요. 육휴 끝낸 남편 소감이 윤이 아빠랑 똑같네요, 살쪘다는 거. 아빠들은 안 해 보면 절대 몰라요. 월급도 나오는 만큼 온전히 엄마 없는 육아휴직 3개월 강추합니다.

---

완두_심쿵

진짜 재밌게 읽다가 윤이 아버님 살찌신 거에, 저 폭풍 공감했어요.^^ 저도 너무 힘든데 살은 왜 찌는 거죠? 그런데 정말 남자들도 육아휴직 해 볼 만해요. 해 봐야 힘든 걸 알죠. 저희 남편은 회사원이라 육휴하면 책상이 빠질 거라며 불가능하대요.

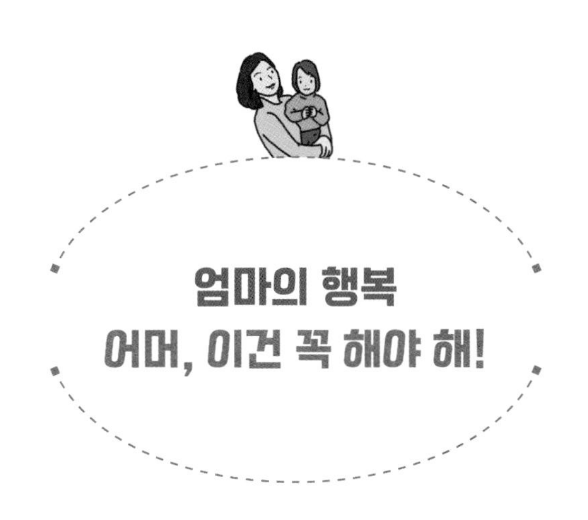

## 엄마의 행복
## 어머, 이건 꼭 해야 해!

아빠의 육아휴직을 결정한 데에는 몇 가지 이유가 있었다. 첫째, 남편은 매일 새벽 6시 반이면 고속도로를 운전해서 출근한다. 늘 피곤한 얼굴로 나서는 뒷모습이 안쓰러웠던 터라 둘째 때는 몇 달이라도 육아휴직을 해 보는 게 어떠냐고 물었고, 남편은 당연히 신나서 '오케이'했다. 두 번째 이유로는 내가 맡고 있던 학급을 학년 말까지 끝마치고 싶은 마음이 컸다. 교사들은 이것을 '올려 보낸다'고 표현한다. 반 아이들을 내가 다음 학년으로 올려 보내고 싶었다. 세 번째로는 '아빠의 달'*이라는 좋은 제도로 인해 나보다 휴직 수당이 더 많이 나오니 금전적으로도 손해 볼 것이 없었다. 물론 평소에도 육아와 살림을 같이 해 온 남편이기에 휴직 후 신생아와 잘 지낼 거란 믿음도 있었고 첫째 관리도 문제없으리란 계산이 있었다.

아귀가 딱딱 들어맞았다. 둘째 아이가 태어나기 한 달 전 규정이 바뀌어 배우자 출산휴가 기간이 5일에서 10일로 늘어났다. 그 열흘에 휴일까지 포함하니 남편의 출산휴가 기간은 보름. 운 좋게도 조리원 퇴소 날까지 출산휴가 기간이 딱 맞아서 남편이 첫째를 온전히 돌볼 수 있었다. 엄마의 부재를 힘들어한 아이에게 큰 도움이 되었다.

이렇듯 출발은 순탄했는데, 나중에 돌아보니 고생의 서막이 열리고 있었다. 엄마를 찾는 첫째로 인해 수유나 유축을 제대로 하지 못한 탓에 결국 나는 유선염이 왔다. '열이 40도까지 오르고 가슴이 딱딱해졌다'는 한 문장으로는 설명할 수 없을 만큼 너무나 고통스러웠다. 남편은 나를 대신해 첫째와 갓난쟁이를 새벽까지 혼자서 돌봤다.

둘째는 눕혀 놓기만 하면 울어대는, 한마디로 등 센서가 엄청 예민한 아이라 밤새 안고 있어야 할 때도 많았다. 그런 아기가 지금은 불을 끄고 "잘 자." 하면 바로 잠이 든다. 젖내 나는 엄마에게선 안 되던 수면 교육이 아빠가 하니 며칠 만에 성공, 아빠 투입 두 달 만의 쾌거였다.

나는 곧 출근을 시작했다. 아침에 살그머니 나갔다 퇴근해서 오면 집은 빛이 났다. 종일 안아 달라고 우는 백일 아기가 있는데도 매일 방마다 깔린 폴더매트까지 다 들고 청소하는 여유는 뭐지? 이 남자, 휴직 체질인가.

출산한 지 얼마 되지 않았기 때문에 출근하면 몸이 힘들지 않을까 싶었다. 출산으로 벌어진 뼈에 온몸이 으스러지듯 아픈 건 사실이지만, 온전히 나만의 시간이 있고 아기가 없는 곳에서 내 일상을 살아가는 기분은 상상 그 이상이었다. 출근길이 신바람 났고 아이들과의 수업이 매일 행복했다. 집에 가면 목욕까지 끝내고 새근새근 잠든 둘째와 피곤함에 지쳐 잠든 남편, 내가 사랑하는 두 남자와 빛나는 집이 있다. 까짓것 뻐다귀쯤이야. 늘 콧노래가 나왔다.

마지막 날 남편에게 육아휴직 마친 소감을 물었다. 남편은 쉬고 싶어서 육아휴직을 한 건데 육아만 하다가 끝났다며 아쉬워했다. 다른 집 남편들도 이 시기에 육아휴직을 꼭 해 봤으면 좋겠다는 말도 덧붙였다. 아주 바람직한 결론을 내리며 남편의 '아빠의 달'은 막을 내렸다. 8킬로그램이나 불어난 체중과 함께. 밖에 나가지도 못하고 앉아서 애만 보니까 살이 찐다고. 남들이 '잘 쉬었나 보네.' 하며 인사할 때마다 엄청 억울했단다.

* 아빠의 달은 같은 자녀에 대해 아내가 육아휴직을 사용하다가 남편이 이어받아 사용할 경우, 남편의 첫 3개월 육아휴직 급여를 통상임금의 100퍼센트(2019년 기준 월 상한 250만 원)까지 지원하는 제도다.

♡온마을♡ 

 비엔_꼬북

#소식

신랑, 여동생 다음으로 온마을에 알려요. 오늘 저녁 임신 테스트기에 두 줄 나왔습니다.^^ 역시 몸이 좀 이상하다 했어요. 정확한 건 산부인과에 가 봐야 알겠지만 입이 근질거려 일단 소식 올려요.

제가 지난 주말부터 갑자기 입덧이 심해져서 그런지, 후각과 미각이 너무나 예민해져 미칠 것 같았어요. 꼬북이 밥도 겨우 먹이고 어제오늘 너무 힘들어서 누워만 있는데 꼬북이는 자꾸 저한테 안기려고 하고. 안으면 배랑 가슴이 눌려서 더 메슥거리고. 진짜 너무 힘든 시간이네요.ㅠ

요리 못 한 지 한 달이 다 되어갑니다. 마침 아기 반찬가게가 이번 주 휴가라 어제 꼬북이 먹일 국 몇 가지를 끓였는데요. 토 나올 뻔한 위기를 여러 번 넘기며 진심 영혼까지 갈아 넣어 억지로 완성했어요. 신랑은 퇴근하고 와서 쉬지도 못하고 설거지에 뒷정리에, 저녁은 대부분 라면 끓여 먹고요. 맨날 반찬가게랑 배달 앱으로 사 먹으니 이번 달 카드 값이 무섭습니다.

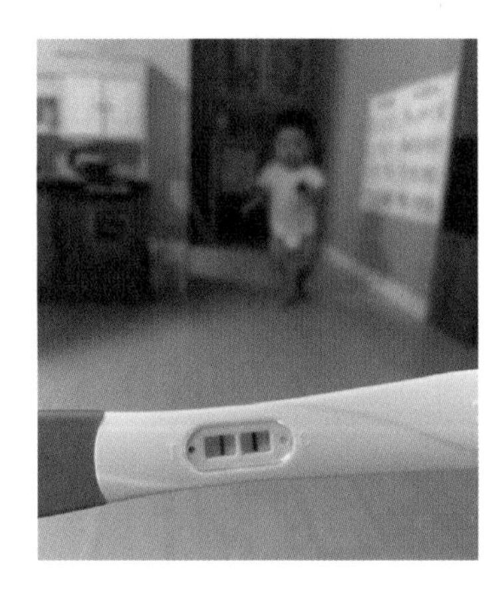

진심으로 친정에 가고 싶은데 다섯 시간 넘게 메슥거리며 차를 타고 갈 수도 없고요. 하루하루 버티고 있는데 꼬북이랑 신랑이 너무 짠해요. 입덧 극복하는 노하우 있으면 아무거나 막 던져 주세요. 간절합니다. 어제는 입덧약이라도 먹어 볼까 싶었는데, 제가 막 토하는 입덧은 아니라서요. 혹시 입덧 약 드신 분들 계신가요? 이게 어느 정도 괜찮아지게 하는지도 궁금해요.ㅠ

댓글 15 ▼

**여름_봉봉이**

꺅! 오늘 비엔 생각이 나서, 왠지 몸도 안 좋으신 것 같고 그렇다길래 혹시나 했는데 역시나였군요. 어마맛, 선명한 두 줄! 정말 축하드려요. 푹 쉬시고 몸조심하세요!

---

**완두_심쿵**

오~~~ 정말 축하해요! 저 정도 진하기면 이미 5주는 된 거 아닌가요? 진심으로 축하드립니다! 마음먹은 대로 가족계획 진행되는 건 너무나 축복이에요.^^ 꼬북이 동생 정심아, 반갑다! 입덧 약 의외로 외국에선 오래전부터 많이 먹던 약이라 괜찮다고는 하는데 전 조금만 더 참아 보자 하면서 버텼던 것 같아요. 드신 분들 말은 약 먹어도 괜찮으니 괴롭게 버티지 말고 먹으라고 하더라고요.

---

**나무_또또**

오마나, 세상에! 왠지 비엔은 정심이 꼭 가지실 거 같았어요. 기다리셨던 둘째가 왔다니 정말 축하해요.^^ 꼬북이도 정말 많이 컸어요♡ 저는 임신도 아닌데 체력이 왜 이리

저질이죠?

---

**연두_난이**

어머 어머, 정심아, 어서 와. 비엔, 그거 아세요? 우리 모두 '혹시?', '혹시?' 하면서 말 안 하고 있었던 것. 축하드려요! 이렇게 좋은 소식이….

---

**도토리_올튼**

반갑다, 정심아! 저 지금 '초흥분'! 두근두근하네요.

저는 입덧밴드 효과를 봤었어요. 별 건 아니고, 손목 눌러 주는 밴드거든요. 맨날 차고 다닐 때는 이게 효과가 있나 싶었는데, 안 하고 출근한 날에는 죽을 뻔한 걸 보니 나름 효과가 있는 것 같았어요.

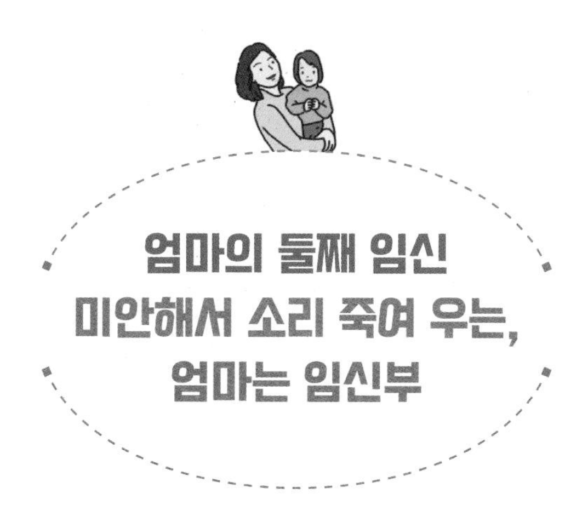

# 엄마의 둘째 임신 미안해서 소리 죽여 우는, 엄마는 임신부

매해 스타벅스 토피넛라떼가 나오면 올 한 해도 다 갔구나, 실감한다. 그리고 딱 한 번 토피넛라떼를 시켜 먹는다. 겨울의 초입에서 한 해를 보내는 나만의 의식이다. 이번 해의 마지막을 장식하는 또 하나의 소소함은 '왕좌의 게임' 다시 보기. 그렇다, 나는 지금 미드 왕좌의 게임으로 태교 중이다.

먼저 아이가 둘 이상인 분들께 경의를 표한다. 다들 둘, 셋 낳고 잘살길래 엉겁결에 따라 외친 핑크빛 둘째. 첫째와 크지 않은 터울로 금방 임신이 되었고 곧장 입덧 지옥이 찾아왔다. 첫째 때도 이렇게 힘들었던가. 둘째 임신은 확실히 달랐다. 입덧이 잦아들자 이젠 소화불량이다. 제대로 먹지도 못하고 먹으면 부대끼고 배는 고프고 몸은 처지고. 근데 왜 또 임신성 당뇨는 재검이 뜨는지 모르겠다. 누워도 힘들고, 무언가 한다는 것 자체가 불가능하다. 집은 진즉부터 아수라장에 아무것도 못 하니 심리적으로도 힘들었다. 하지만 가장 힘든 것은 아이에 대한 미안함이었다.

매일 저녁 아이를 재우면서 말해 준다. 동생이 엄마 뱃속에서 쑥쑥 크느라 엄마가 지금 좀 힘들어. 뒹굴뒹굴하다 잠드는 아이를 쓰다듬으며 나는 소리 죽여 운다. 몸 힘들다고 아이를 어린이집에 보내는데, 다행히 잘 놀다 온다. 어린이집에서 웃고 있는 사진 보면 그게 또 그렇게 미안했다. 얼마 전 있었던 학부모 참여수업에는 아이 저녁에 먹일 국 끓인다고 오 분 늦게 도착했다. 다른 아이들은 다 엄마랑 꽁꽁이하는데 우리 아이만 선생님이랑 앉아 있어 또 미안하고 우울하고. 그날 다른 엄마들은 다 날씬하고 젊은데 나만 '뚠뚠한' 아줌마라 두 배로 우울해졌다.

요리를 못 한 지는 한 달이 넘었다. 그나마 아이 먹일 국만 구토를 참으며 이 악물고 간신히 끓이는 형편이니 말 다 했다. 남편도 퇴근 후 쉬지 못하고, 아이는 방치되는 것 같아 몸도 마음도 정말 힘들다. 이럴 땐 크루아상 생지를 굽자. 아 참, 먹는 이야기로 시작해 먹는 이야기로 끝났지만 나 속 안 좋은 건 여전하다. 정말이다.

**땅콩_준**

#준 #성장기록 #아기성장기록

아이들 기록(사진, 동영상, 음성파일, 포토북 등)은 어떻게 하시나요?^^

저는 기록하는 걸 좋아합니다. 하루 육아 반성일기 꼭 쓰고요, 올해부터 감사일기도 쓰고 있어요. 그러고 보니 일기 마니아네요.

육아일기는 그때의 저를 만날 수 있어서 좋아요. 훗날 읽어 보면 손발 오그라들지만 추억이 되더라고요. 준이 낳고 29일째 되는 날 쓴 일기도 있네요.

스냅스 일기 7권, 밴드북 4권, 맘스 다이어리 3권입니다. 1년 6개월 동안 만든 결과물이에요. 스스로 뭔가 해냈다는 뿌듯한 마음이 들더라고요.

아이들 기념일이 되면 기념 스티커도 제작합니다. 본인 얼굴이 들어가서인지 아주 좋아해요. 여행이나 일상의 기록들은 찍스, 스냅스 포토북으로 만들고 있고요.

괜찮은 사진은 포토카드로 인화해서 포토앨범에 넣어 두고 있어요. 아이들 사진 정리하는 건 제가 제일 좋아하는 시간이에요. 준이가 잘 때 작업을 합니다. 훗날 준이가 커서 이 기록물들을 보면 어떤 생각을 할까요?

매일을 기록하고 정리하는 것, 참 즐겁습니다.

**댓글 7** ▼

**비엔_꼬북**

정말 대단하세요! 전 임신 기간 초음파사진 앨범 정리하는 것도 미루고 미루다 겨우 했는데요. 이런 저도 젊을 땐 매년 예쁜 다이어리를 사서 매일 기록하며 뿌듯해하는 감수성이 있었는데…. 어디 갔을까요, 그 사람은. 전 일단 휴대전화에 쌓인 사진부터 어떻게 해 봐야겠어요.^^

---

**연두_난이**

육아일기 써놓은 걸 어떻게 정리할까, 고민하다 시간만 지나고 자꾸 쌓이니 더 안 하게 되었는데 좋은 팁 감사해요. 기록이 정말 중요하고 소중하죠.

---

**여름_봉봉이**

땅콩 글 보고 자극받아서 오늘부터 맘스다이어리 시작했어요. 사진은 남편이랑 저랑 둘만 회원인 밴드에 틈틈이 만들어 올리고, 간단한 기록은 예전엔 다이어리에 쓰다가 지금은 그냥 달력에 쓰고 있거든요. 600일 기념으로 오늘부터 저도 추천하신 대로 시작해 볼까 합니다. 시간이 지나서 아이가 좋아할 수 있으면 좋겠다는 생각이 들어요.^^

---

**나무_또또**

저는 백일 이후에 맘스다이어리 첫 권을 썼는데, 1년이 지나는 바람에 무료 출판기간도 놓쳤고요.ㅜㅜ 틈나는 대로 다이어리에 육아일기를 썼는데 이사 오며 그마저도 멈춘 지 오래예요. 자극받아 다시 시작하려고요. 아무런 기록 없이 지나버리면 정말 그 순간의 기억이 모두 사라지는 것 같더라고요.

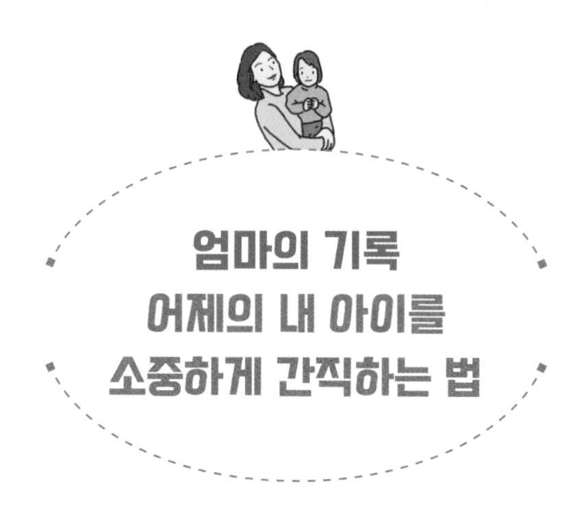

# 엄마의 기록
# 어제의 내 아이를 소중하게 간직하는 법

나는 기록 덕후다. 아이들과 함께 지내면서 사진을 찍고 동영상을 남기고 하루를 반성하는 일기까지, 내 하루는 기록으로 시작해서 기록으로 끝난다. 어떤 물건을 딱 하나만 가질 수 있다면 가장 먼저 가족의 소중한 역사를 고를 것이다. 아이들이 자라면서 기록도 점점 방대해지는 건 당연지사다.

일기는 그때의 나를 다시 만나게 한다. 훗날 읽어 보면 오그라든 손과 발을 펴며 추억도 함께 펴는 시간이 된다. 아날로그 형식의 손글씨로 다이어리에 적기도 하고, 블로그에 글을 쓰기도 하고, 맘스 다이어리에 아이들의 일기를 기록한다. 감사일기도 쓴다. 아이들의 기록은 찍스, 스냅스, 밴드북으로 남긴다. 아이들 기념일이 되면 사진으로 스티커를 만들고, 포토카드로 인화해서 포토앨범에 넣어 둔다. 아무래도 사진은 앨범에 꽂아야 실재감이 있다.

"어느덧 아기가 태어난 지 한 달이 되어 간다. 출산 전에는 빨리 세상에 나왔으면 좋겠다고 생각했는데, 막상 태어나니 힘들긴 힘들다. 한 번 해 본 일임에도 여전히 마주하면 힘든 일상이다. 육아는 정신 수양이자 고행길이다."

둘째 아이를 낳고 29일째 되는 날 쓴 일기의 일부 내용이다. 육아는 자신의 한계를 마주하는 일인 듯하다. 아이들의 성장을 기록하는 것도 그러하다. 하루가 다르게 쌓여만 가는 수천 장의 아이들 사진을 보며 해야지, 해야지 생각만 하고 있지 않은가. 그게 2년, 3년이 되고 5년이 되면 포기하게 된다. 당신의 포기를 막을 작은 팁, 시행착오를 거쳐 체득한 '성장을 기록하는 꿀팁'을 남겨 본다.

1) 네이버 밴드북 네이버 밴드북의 장점은 밴드에 기록해 놓은 사진과 글, 사진에 달린 댓글까지 그대로 책으로 만들 수 있다는 것이다. 원하는 사진만 따로 골라서 간단한 멘트와 함께 만들 수 있다. 쉽고 간편하다. 밴드에 사진을 올릴 때 밴드북을 만드는 걸 염두에 두면 좋다.

2) 맘스 다이어리 하루를 기록하는 아주 쉽고도 어려운 방법. 100일 동안 꾸준하게 일기를 쓰면 무료 출판 쿠폰을 준다. 주로 네 장을 한 장으로 편집한 사진과 함께 세 줄 정도 일기를 작성하는데, 생각보다 퀄리티가 좋다. 하지만 100일을 채우는 것이 쉽지 않아서 부활쿠폰도 사용하고, 점만 찍고 말기도 한다. 습관이 되면 아침에 눈 뜨고 혹은 저녁에 자기 전에 다이어리를 쓰는 루틴이 생긴다.

3) 찍스, 스냅스, 퍼블로그 포토북을 만들 때 주로 사용하는 앱으로 아이의 100일, 200일, 돌, 두 돌 이벤트 때 주로 활용한다. 7개월 아이와 괌 여행을 한 후에도 사용했다. 찍스의 경우 실물로 받아 보면 만족도가 높아서 자주 사용하게 된다. 스냅스와 퍼블로그는 기념일 스티커나 포토카드 등 기타 상품을 만들 때 이용한다. 미리 핸드폰 폴더에 원하는 사진들을 골라 놓고 시작하면 자동으로 포토북을 완성시켜 주는 AI 기능이 있어 만들기가 간단하다.

4) 베이비스토리 태어나서 성장까지 아이들의 일상을 기록할 수 있는 앱이다. 뒤집기, 무릎기기, 영유아검진, 숟가락질, 걸음마 등등 성장 때마다 기록할 수 있다. 이슈가 있으면 해당하는 사진을 업로드해 둔다. 앱을 꾸준히 사용하면 '캐럿'이라는 것을 주는데, 캐럿을 모아 무료로 포토박스를 만들 수 있다. 신청은 연 세 번이니 잘 활용해 보자.

5) 구글 포토 뭐가 뭔지 모르겠다면 일단 스마트폰과 구글 포토 계정을 연동시켜 놓는다. 시기별, 위치별, 심지어는 사람별로도 자동으로 갈무리해 준다. 놀라운 점은 사진 검색도 가능하다는 것이다. '케이크'를 치면 우리 아이가 케이크 먹는 사진을 쫙 찾아 주는 방식이다. 꽤 자주 '1년 전 오늘', '5년 전 오늘' 같은 키워드로 그 당시 사진을 작은 포스터로 만들어 보내 주니 기분 좋은 아침을 시작하는 데에도 도움이 된다. 그러다 갑자기 탄력을 받으면 자동 업로드된 사진으로 앨범이든 뭐든 만들 수도 있다.

 여름_봉봉이

#봉봉이 #엄마가미안해

오늘은 위로받고 싶은 날이에요. 그리고 반성합니다.

새벽에 5시쯤 봉봉이가 깼는데 물을 달라고 하더라고요. 나가서 물을 마시고 들어왔는데, 누워 뒹굴다가 또 물 달라 몇 번을 했어요. 도저히 잠잘 기색이 없어 아기 띠도 20분이나 했는데 안 자고요. 허리도 끊어질 것 같고 너무 피곤하고 짜증도 나는데 다시 또 물을 달라길래 이번에는 아예 빨대컵에 담아서 줬지요. 그런데 누워서 빠니까 안 나와 그랬는지 "으아아앙" 우는데 달래도 안 되고 이웃집 시끄러울 것 같고…. 결국 저도 참다 참다 대폭발! "아, 왜! 그만해! 울지 마!!" 하고 미친 여자처럼 소리를 꽥 질렀어요. 이른 아침이라 다른 집에도 다 들렸을지도 몰라요. (봉봉이 울음소리보다 제 목소리가 더 컸을 거예요;;)

봉봉이는 더 크게 울고, 남편은 "이유가 있으니 울겠지~" 하는데 그건 저도 안다고요. 그 이유를 모르니 답답한 거 아니겠어요?

이성을 되찾고 봉봉이를 안아서 달래는데 서럽게 계속 울더라고요. 결

국 잠은 물 건너갔고 긴 오전을 울면서 보낸 후 낮잠을 재웠어요.

내가 왜 그랬을까요? 잠자는 아이 얼굴을 보니 너무 미안해집니다.

친정엄마한테 이 이야기를 하니, "그래서 소리 지르며 뭐라 하니 봉봉이가 그만 울더나?" 하시기에 전, "아니. 더 크게 울었지." 하고 대답했어요. 엄마도 어이없어하시네요.

봉봉이가 오늘 새벽 일은 얼른 다 잊었으면 좋겠어요. 속상할 때 위로해 주지 않고 혼내고 소리 지른 엄마로 기억하지 않았으면….

**댓글 9**

**나무_또또**

제 최초의 기억은 네 살 겨울, 엄마가 동생을 낳은 날이에요. 그 이후 그나마 선명한 기억은 다섯 살 이후부터인 것 같아요. 저도 엄마한테 꽤 혼났을 텐데, 열 살 때 몰래 컵라면 먹다가 혼난 기억이 최초네요. 오히려 사랑받은 기억만 있어요. 그리고 무엇보다 저도 아기한테 짜증내고 소리 지르는 엄마랍니다. "네가 사람이면 낮이든 밤이든 좀 자야지, 왜 안 자! 왜! 나보고 어쩌라고!" 미친 사람처럼 소리 질러 남편이 놀라서 뛰어온 날도 있고요. 근데 신기한 건 친정엄마도 저 멘트를 그대로 어린 제게 했었대요. 소오름! 어쨌든 또또 잠 없는 건 저 닮은 건데, 아기 낳고 몰려오는 잠 앞에서 짐승이 되어 가는 저도 안쓰럽고, 뭐, 그렇습니다.

---

**땅콩_준**

그럴 수도 있지요. 저도 하루에 몇 번씩 그러는 걸요. 엄마라는 존재가 그런 것 같아요. 아이에게 불같이 화냈다가 밤에 재우면서 미안하다고 반성하는 존재. 그래도 봉봉이가 웃어 주면 모든 게 다 용서되지 않나요! 긴 하루 보내느라 고생 많으셨어요.

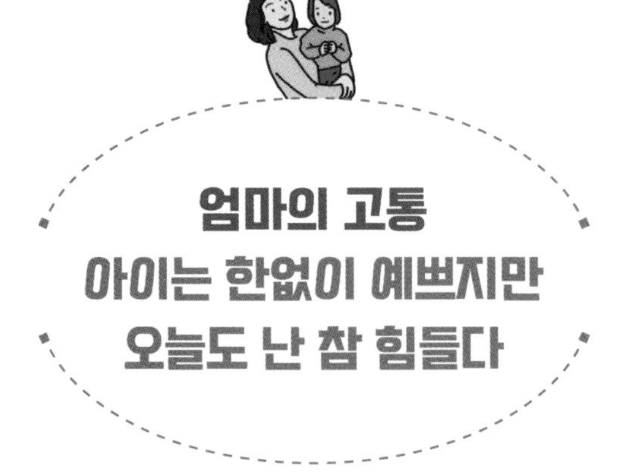

# 엄마의 고통
# 아이는 한없이 예쁘지만 오늘도 난 참 힘들다

너무 어지러워 바닥에 누웠더니 천장이 빙글빙글 돈다. 알고 보니 이석증. 다른 데 아픈 것은 참아 보겠지만 어지럼증은 내가 참는다고 참아지는 것이 아니다 보니 아이를 돌보는 게 무척 힘들었다. 일어날 수가 없는데 일어나서 움직여야 한다. 아직 어린 아기인 내 딸이 옆에서 엄마를 부르며 울고 있다.

아무도 나에게 아기 키우는 게 이렇게 힘들다고 말해 주지 않았다. 나는 전혀 몰랐다. 게다가 출산 전 육아서에서 읽은 잠 안 자는 아기 돌보는 법과 현실에서 아이 울음소리를 듣고 강제 기상해서 그 방법을 써 보는 것은 달랐다. 다르고말고. 낮잠 안 자고 밤잠 잘 깨고, 많이 찡찡대는 아기를 키우며 내 몸뚱이는 상해 갔다. 출산 전까지는 운동도 자주 해서 체력이 나쁘지는 않았던 것 같은데 지금은 늘 체력이 달려 골골거린다. 잠이 부족해 자주 두통에 시달렸고, 아기 띠를 오래 해서 무릎이 상해 걷거나 뛰는 것도 무리가 되었다. 원래 좋지 않던 허리는 점점 악화해 병원 신세를 지기도 했고 집에서 복대를 해야 했다. 손가락 관절에 무리가 가서 방아쇠수지증후군이 오기도 했었고 손목도 자주 안 좋았다. 게다가 출산 후에는 전에 없던 극심한 배란통이 생겨 누워서 뒹굴 정도로 배가 아프기도 했다. 아이 맡기고 한 번 병원에 가면 모든 과를 투어해야 할 판이다. 효율적이고 참 좋은 내 몸뚱이, 네가 다 계획이 있었구나.

화장은커녕 세수도 제대로 못 했던 시간이 지나고, 부쩍 늘어난 주름과 푸석한 피부가 문득 서글프다. 몸은 전과 같지 않고 내 곁에는 아이도 딸려 있다. 파스 붙이고 약 먹었으니 아프지 않을 거라고 몸을 속여 가며 오늘도 아이를 키워내고 있는 나 자신에게, 그리고 같은 처지에 있는 다른 엄마들에게 말해 주고 싶다. 엄마로 하루하루 살아온 시간이 참 대견하다고, 힘내라고, 건강하자고. 잘하고 있다고.

## 나무_또또

#나무 #책육아 #책놀이 #책수다

아이가 책을 즐겨 읽길 바라는 건 많은 부모의 바람이죠. 저 역시 또또가 그랬으면 하지만 아직은 그저 책을 가까이하는 것만으로도 좋습니다.

이렇게 책 놀이도 하고요. 안 읽으려면 그렇게 밟거라. 왼발, 오른발, 마지막은 점프!

최근 읽고 있는 책 중 추천하고 싶은 책이 있어요. 『출판하는 마음』이에요. 출판계에 종사하는 사람들의 인터뷰 모음집입니다. 그중 『나는 가해자의 엄마입니다』를 번역한 홍한별 역자의 이야기를 짧게 써 보자면, 두 아이의 엄마인 그녀는 육아서 번역을 맡으며 본의 아니게 육아 관련 서적을 많이 읽었다고 합니다. 책을 읽으면서도 '육아를 잘하면 아이가 잘 큰다.'라는 전제에 동의할 수 없었대요. 처음엔 육아서 내용이 맞는다고 생각해서 거기에 나온 대로 아이를 키우려 노력했지만 각자 처한 조건과 아이의 특성이 다르니 곧 힘에 부치고 피로감이 커졌다고 해요.

역자는 어학연수나 유학을 가지도 않았고 영어공부를 특별히 하지 않았음에도 번역가가 될 수 있었던 건

'재미를 느꼈기 때문'이라고 해요. 재미를 느끼면 지속하게 되고 양이 쌓이면 실력이 는다는 얘기인데요.

아이들에게도 특별히 영어공부를 시키지 않고 학교에 들어가 알파벳을 익히게 했다고 합니다.

인터뷰 끝부분에 오랜 기간 일을 할 수 있었던 비결로 '적당함'을 꼽은 게 인상적이었어요. 일도 적당히, 육아도 적당히 했다고 하네요. 그러니 복직하신 분들, 다가오는 한 주도 적당히 일하시고 집에 계신 분들도 적당히 육아하자는 말씀을 드립니다.

댓글 12 ▼

**비엔_꼬북**

일단 나무 글을 읽고 저를 반성해 봅니다. 혼자만의 시간이 생겼을 때 그 시간이 독서로 가득 차면 참 좋을 텐데…. 전 책 읽는 제 모습이 너무 좋거든요. 오늘은 이미 늦었고 내일부터는 조금씩 변화해 보리라 다짐합니다. 감사해요!

---

**땅콩_준**

책 놀이 너무 잘해 주고 계시는데요? 저는 매일 저녁 아이들과 함께 책 읽는 시간을 갖는데 그 시간이 너무 행복해요. 아이들이 어른들은 발견하지 못한 것들을 책에서 발견해 낼 때 너무 신기하기도 하고요. 아이가 책을 가까이하는 가장 좋은 방법은 부모가 책 읽는 모습을 본보기로 삼을 수 있도록 하는 것이라는 생각에 틈나는 대로 노력하는데, 그런 면에서 나무는 또또에게 이미 좋은 본보기가 되고 계신 것 같아요! 심심할 때마다 책 읽으며 상상하는 시간 주는 게 아이들에게 줄 수 있는 최고의 선물 같아요.

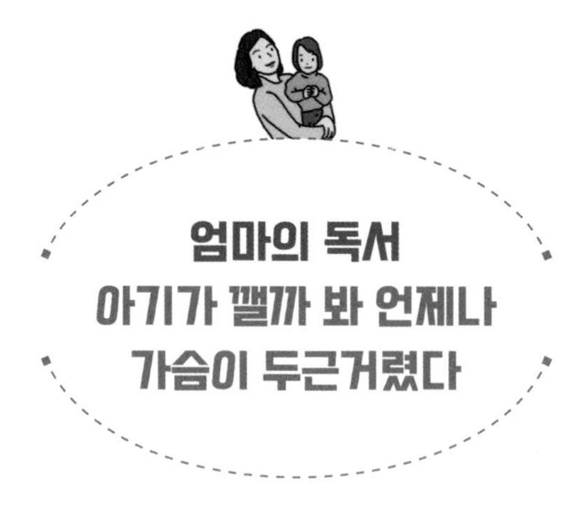

# 엄마의 독서
# 아기가 깰까 봐 언제나 가슴이 두근거렸다

김애란의 단편소설 『칼자국』의 화자는 칼을 보면 엄마가 떠오른다고 했다. 엄마의 칼끝으로 자라난 아이의 모습이 상상되는 문장이었다. 나 역시 칼을 생각하면 식당을 운영하며 나를 키워낸 엄마가 떠오르는데, 여기에 한 가지가 더 추가된다. 달리는 엄마 모습이다.

칼을 들고 종종거리며 불 위의 냄비를 어르고 달래는 모습은 사실 달리는 장면보단 반복되는 규칙성 속에 불규칙적인 움직임이 섞인 춤에 더 가까웠다. 송송 써는 칼끝에는 무심함 대신 절박함이 서려 있었고, 홀로 식당을 운영했던 엄마는 늘 발걸음이 바빴다. 손을 크게 베여 피가 흥건했던 날에도 엄마는 환부를 아무렇게나 동여맨 채 칼질을 이어 갔다. 주방에서 음식을 만들 때도, 식당 안에서 서빙을 할 때도, 새벽에 장을 보기 위해 급히 집을 나설 때도, 어린 내 눈에 엄마는 뛰는 것처럼 보였다.

스물아홉 살의 나는 '두 개의 달이 뜨는' 환상적인 세계로 안내되며 하루키 문학에 푹 빠졌다. 『1Q84』를 시작으로 그의 소설을 탐독했고, 에세이로 넘어가 『먼 북소리』, 무라카미 라디오 시리즈, 『달리기를 말할 때 내가 하고 싶은 이야기』를 읽었다. 책은 책으로 이어져 국내의 김연수 작가가 달리기를 소재로 한 에세이 『지지 않는다는 말』도 붙잡았다. 두 작가가 자국에서 번역한 레이먼드 카버의 『대성당』까지 정독했으니 하루키가 이어 주는 길은 길고도 넓었다. 그 시기에 나는 퇴근과 밤 독서 시간 사이 트레이닝복을 입고 러닝화를 신고 집을 나서곤 했다.

어느 가을, 삼십 대에 들어선 나는 터미널 옆 카페에서 커피를 마시며 폴 오스터의 『달의 궁전』을 읽었다. 창밖으로 아기 띠를 멘 한 아기 엄마가 보였다. 양손에 음료를 들고 허겁지겁 번갈아 가며 마시고 있었는데, 지금이 아니라면 두 음료를 맛보기 힘들다는 표정으로 빨리 들이켜는 모습이었다. 아기 엄마의 입과 손은 시종 달리고 있었다. 저 엄마는 시간에 쫓기는 건지, 아기에게 쫓기는 건지 궁금했다. 아기 엄마가 터미널로 사라지자 나는 여유롭게 잔 속 커피를 마시며 소설의 몇몇 문장을 필사했다.

몇 해 뒤, 나는 엄마가 되었다. 나는 식당일로 바빴던 엄마처럼, 터미널에서 허겁지겁 음료를 마시고 뛰어가던 아기엄마처럼 달리지 않는다. 그저 여러모로 많은 것들이 '달릴' 뿐이다. 노산에 가까운 늦은 출산으로 체력이 고

갈돼 아기를 오래 안으면 힘이 달렸다. 아파트 대출에다, 휴직으로 비어 버린 통장을 보며 마이너스통장 한도를 어떻게 늘리나 고민하던 나는 돈이 달리는 게 무엇인지 (원래도 알았으나) 더욱 체감했다. 무엇보다 엄마로서 지녀야 할 인내심과 희생정신이 달렸다. 낮엔 밤사이 못 잔 눈으로 퀭하고, 밤엔 머리를 쥐어뜯으며, 가슴에 반성문을 쓰는 날들이 이어졌다.

초보 엄마인 나는 아기가 처음으로 보여 주는 모습에 환희를 느끼고, 아기의 얼굴이나 몸에 난 상처에 아파하며, 내 모자란 인내심에 자주 좌절감을 맛보고 있다. 환희, 고통, 좌절이라는 감정은 달리기에서도 느낀다. 그렇다면 나도 지금 달리기 중이라고 봐야 하나. 마라톤에서 숨이 턱 막힐 즈음, 5킬로미터마다 마련된 급수대에서 수분을 보충하며 활력을 되찾는다고 하는데 그런 규칙적인 주기가 내게도 꼭 필요하다. 달리는 사이 느끼는 통증을 줄여 주고 에너지를 충전해 주는 게 내겐 책이다. 하여 오늘도 아기가 잠든 밤마다 책을 조금씩 읽는데, 날이 갈수록 그 시간이 점점 짧아진다. 야경증인가. 한의원에 가 봐야 하나. 지금 두 돌이니 좀 더 기다려 보자. 오늘도, 아니 육아 중 쓰는 모든 글은 '기승전아기'로 끝난다. 아기를 낳은 뒤 나는 책을 읽으며 (아기가 깰까 봐) 언제나 가슴이 두근거렸다.

4부

# 나도 한번 육아 모임 꾸려 볼까

# 입문편

## 컴컴한 육아터널에 숨 쉴 구멍 뚫기

온마을을 시작한 후 수많은 일상을 기록하고 나누었다. 아이를 내버려 두고 오고 싶었다는 글, 아이를 재우고 빨래를 널다 베란다 문을 열면 아래를 보게 된다는 글, 아이에게 소리를 지른 후에 방에서 울면서 쓰고 있다는 글. 이런 글들은 맘카페에 매일 올라온다. 물론 그 엄마들은 아침이 되면 잠에서 깬 아이를 맞이하고 어제와 같이 하루를 열심히 살아갈 것이다. 내일도, 모레도. 그것이 그 엄마들을, 우리를 미치게 하는 이유다. 어제도 오늘도 내일도 똑같을 거라는, 출구가 없어 보이는 육아의 터널, 바로 그 막막함 말이다. 그래서 돕고 싶었다. 나도 그랬기 때문에 당신이 힘든 것을 너무나 잘 안다고, 그럼에도 당신의 삶에 조그맣게 숨 쉴 구멍을 낼 수 있다고 말하고 싶었다.

# 랜선 육아 모임의 장점

## 시공간의 제약이 없다

어린아이를 키우는 엄마들이라면 모임 한 번 하기 위해 아이 낮잠 스케줄부터 남편 협조 가능 여부까지 따져 보다가 결국 흐지부지된 경험이 있을 것이다. 어렵게 모였다 한들 아이로 인해 외출 준비에서부터 이미 진이 빠지고 멘탈이 탈탈 털린 뒤다.

랜선 육아 모임은 모임을 위한 준비에 에너지를 쓸 필요가 없다. 갑자기 하고 싶은 이야기가 생겨도 언제 어디서나 말할 수 있고 시간과 장소에 상관없이 육아 동지들과 연결이 가능하다. 지금 내 손에 휴대전화만 있다면 공동육아의 세계에 언제든 접속할 수 있다.

### 육아育兒와 육아育我를 함께할 수 있다

아이를 키우는 양육자가 자신의 내면까지 보듬기란 쉽지 않다. 그럴수록 아이 키우기와 엄마 돌보기가 적절한 균형을 잃지 않아야 한다. 엄마가 심리적으로 건강해야 아이도 단단하게 자란다. 이전에는 별다른 문제없이 살던 사람도 아이를 키우다 보면 잊고 살았던 내면의 상처가 자꾸만 올라오곤 한다. 만약 육아 중 수시로 출몰하는 자기 어린 시절의 그림자와 대면하는 일이 고통스럽고, 반복된 일상에 녹슬고 있는 내 재능이 아깝고, 출구가 없어 보이는 생활에 답답함을 느낀다면, 엄마이기 이전의 나를 돌보는 시간이 필요하다. 아이와 엄마가 함께 성장할 방법을 찾고 있다면 랜선 육아 모임이 하나의 답이 될 수 있다.

### 함께 고민하고 머리를 맞대다 보면 해결책이 보인다

아이마다 고유한 특성이 있듯 엄마들의 강점과 개성도 제각각이다. 아이와 무엇을 하고 놀까? 시기마다 잠은 어떻게 재울까? 이유식과 유아식은 어떻게 하면 간편하면서도 영양가 있게 만들까? 육아의 세계에서 양육자의 고민은 늘어만 가는데 해답을 찾기는 쉽지 않다. 혼자 질문하고 혼자 해답을 찾으려 하니 막막하다. 그러나 초보 엄마일지라도 모두에겐 각기 고유한 강점이 있다. 한 가지 주제에서도 관점과 강점, 경험이 다른 이들이 의견을 내놓으면 의외로 유용한 아이디어를 얻을지도 모른다.

물론 육아 모임이 아니더라도 직접 전문가를 찾거나, 육아서를 보는 등 도움을 받을 곳은 있다. 그러나 시중에 나온 육아서는 지나치게 일반적이라 실제 상황에 적용하기에는 어려움이 있다. 그나마 쉽게 접근할 수 있는 온라인 육아 카페에서도 상황이 별반 다르지 않다. 육아 정보는 많지만 조언이 내 아이에게 잘 들어맞지 않기도 하고 검증되지 않은 정보가 많아 오히려 취사선택이 고민스러워진다. 손쉽게 공감과 위로를 받을 수 있지만 어딘가 헛헛한 마음이다.

반면 랜선 육아 모임 참여자들은 점진적으로 쌓은 신뢰를 바탕으로 구체적인 상황에 대해 누구나 질문하고 답변할 수 있다. 비록 전문가는 아니라 할지라도 실제 상황을 몸소 겪고 있는 사람들만이 건넬 수 있는 조언이 있고 그 효과의 여부를 즉각 확인할 수도 있다. 초보 엄마이지만 아이 키우는 엄마들이 머리를 맞댄다면 전문가 이상의 조언을 내놓을 수도 있다.

## 내향적인 사람도 쉽게 접근할 수 있다

놀이터나 문화센터에서 엄마들끼리 삼삼오오 모여 하하호호 웃으며 나누는 대화에 귀가 이만큼 커져서 귀 기울여 본 경험이 있을 것이다. 우리 아이도, 나도 편하게 지낼 수 있는 친구가 있었으면 좋겠지만 너무 깊은 관계는 불편하고, 친해질 기회를 놓친 후 '아, 친해져 볼걸 그랬나….' 후회해 본 사람도 많을 것이다. 랜선 육아 모임은 그런 관계에서 오는 부담을 덜어줄 수 있다. 내향적인 사람이라고 해서 소통하고 싶은 욕구가 없는 것은 아니다.

랜선 육아 모임의 경우 직접적인 오프라인 인간관계에 비해 개인의 성격이 덜 드러나므로 내향적인 사람들에게는 덜 부담스럽다. 성향이 다른 사람들이 모여도 글이라는 매개체를 거치며 개인의 독특한 성격은 조금 희석되기 때문이다.

## 온마을에 대한 궁금증 Q&A

**Q.** 랜선 육아 모임이 자신의 내면을 돌볼 수 있다고 했는데, 어떻게 가능한가요?

**A.** 아이와 함께 지내다 보면 어린 시절 자신이 겪었던 트라우마와 마주하게 되는 일이 생기더라고요. 그리고 그걸 누군가에게 털어놓고 싶어지죠. 그런데 그 트라우마라는 게 보통은 개인사와 관련되어 있어서 정말 가까운 주변인에게도 말하기 힘든 경우가 많아요. 어쩌면 항상 얼굴 보고 지내는 사람, 알고 지내는 사람에게는 이야기하기가 더 불편하죠. 우리는 아이에 관한 이야기를 온마을에 털어놓는 과정에서 자신의 이야기도 자연스럽게 하게 되었어요. 그리고 여러 온마을 사람들이 글쓰기를 통해 어린 시절을 재조명하고 위로받았습니다.

**♡온마을♡**

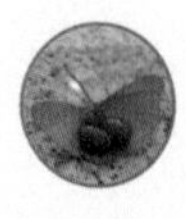

**연두_난이**

#난이엄마_아니고_그냥_연두

저는 지금 오랜만에 혼자예요. 집에서 차로 30분 거리에 있는 공원이에요.

난이랑 난이 아빠는 집에 있고요.

사실은 저의 상담 차례를 기다리고 있어요. 지금 2시간째 대기 중이에요. 지난번에 글로 올렸던 그 상처받은 어린아이를 보내 주고 싶어요. 문제로부터

정말로 자유로워지고 행복해지고 싶어요.

**댓글 6** ▼

**여름_봉봉이**

공원이 참 좋네요. 제가 좋아하는 모습이에요. 긴 대기시간마저도 온전히 혼자 즐길 수 있길, 그리고 상담 후 편안해지길 진심으로 바라요.

---

**캔디_새로이**

상담받는 동안 난이는 잠시 잊으시고 온전히 연두의 시간이 되었으면 좋겠어요! 끝나고 달려가지 마시고 차 한잔하세요.^^

---

**땅콩_준**

오오. 저도 지금 혼자인데요. 공원이 고즈넉하고 평온해 보입니다. 상담도 공원에서 이루어지는 건가요? 자유롭고 행복한 시간이 되길 소망해요.

**Q.** 소규모 육아 모임 내에서 정보를 얻기가 더 어렵지 않나요?

**A.** 아이마다 특성이 다 다르니, 소규모 모임이라 정보를 얻기가 어렵다고 생각할 수 있어요. 하지만 랜선 육아 모임을 통한 공동육아의 가장 큰 장점은 함께한 시간이 쌓일수록 아이에 대한 정보를 서로 너무 잘 알고 있다는 거예요. 순간적으로 올라온 화로 인해 엄마에게는 보이지 않았던 것들이 다른 사람들 눈에는 보일 수 있어요. '올튼이가 이러저러하니까 그래서 그런 것이 아닐까'라고 말해 주는 다른 엄마들의 댓글을 마주하다 보면 우리 아이에게 맞는 해결책을 스스로 찾게 되더라고요.

**♡온마을♡**

**도토리_올튼**

#올튼 #자두

자두 알레르기가 있나 봐요. 자두 3분의 1 정도 먹고 나서 갑자기 볼 주변이 이렇게 되더니 입술도 좀 붓고요. 다행히 항히스타민제를 먹은 상태여서 알레르기가 크게 올라오진 않는 것 같아요.

자두를 처음 먹은 게 아닌데 갑자기 이럴 수도 있을까요?

평소에는 껍질 까고 잘라서 주는데 오늘은 저처럼 먹는다고 자두를 그냥 들고 먹긴 했는데… 자두 알레르기가 있으면 복숭아, 체리, 살구 등 씨가 하나 있는 과일들에도 다 알레르기가 있을 수 있다는데, 혹시 그런 얘기 들어 보셨나요?

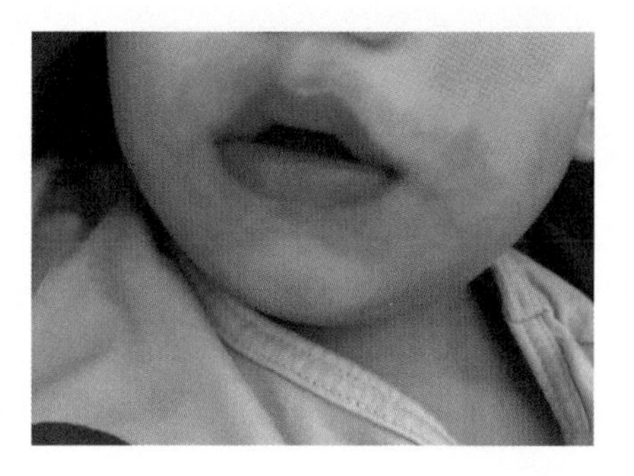

**댓글 6**

**연두_난이**

컨디션이 안 좋으면 평소 잘 먹던 음식도 갑자기 알레르기가 올라오기도 한다던데, 혹시 요 며칠 아파서 그런 건 아닐까요? 그리고 자두 껍질 부분이 시어서 자극을 줬을 수도 있어요.

---

**완두_심쿵**

심쿵이도 얼마 전 뭐 먹고 입 주변이 저렇더라고요. 처음 준 재료가 하나도 없었는데.

---

**꼬모_윤**

자두 알레르기가 있나 봐요. 자두 비슷한 과일은 모두 천천히 시작하셔야 해요.

자두, 털복숭아 이런 거요. 큰애는 세 돌 지나서 먹였어요. 알레르기 확인은 안 했지만 일부러 늦게요. 저희 반에 한 아이가 급식에 나온 견과류 먹은 손으로 알레르기 있는 아이 책상을 짚었는데 그거 만지고 식도가 부어서 병원에 간 적이 있어요. 알레르기 반응 나온 것도 조금 지나고 먹이면 괜찮대요.

# 똑똑! 나의 육아 메이트를 찾습니다

온라인에서 아이와 삶에 관해 이야기 나눌 사람을 찾을 수 있을까? 알고 보면 이렇게 생각하는 사람은 많지만, 실제로 이들이 모여 모임이 만들어지기까지는 노력이 필요하다.

아이를 키우는 엄마들이 주로 모이는 온라인 공간을 생각해 보자. 사람이 많이 모이는 곳에 자연히 아이 엄마들도 많다. 네이버 카페인 맘스홀릭이나 지역 맘카페에서 모임을 제안해 볼 수 있겠지만 쉽지 않다. 육아맘과 같은 지역 거주자라는 큰 조건 외에는 특별한 공통점이 없는 불특정 다수가 모인 커뮤니티이기 때문이다. 이보다 더 좋은 방법은 이미 소속되어 활동하고 있는 곳에 제안하는 것이다. 그러나 만일 아무 데도 가입한 곳이 없다면? 온라인에서도 혼자라면 약간의 노력이 필요하다. 오늘 수영 등록해서 음파음파

배우는데 내일 국가대표로 나갈 수는 없는 노릇. 오늘부터 당장 찾아보자, 내가 갈 곳을.

육아 모임은 육아 자체를 중심으로 모이는 것보다 엄마 역할을 하는 '사람'을 중심으로 모이는 것이 모임의 지속 가능성이 크다. 아이를 가진 엄마들이 각자가 가진 철학을 바탕으로 모인 커뮤니티라면 뜻이 맞는 사람들을 찾기가 더욱 쉽다.

예를 들어 기관에 아이를 보내지 않고 온전히 내 손으로 키우고 싶다는 생각이 있다면, 정말 그렇게 하고 있는 사람들이 교류하는 '가정보육맘' 같은 곳을 찾아본다. 육아라는 공통점을 제외하고 더 개인적으로 접근한다면 확률은 낮겠지만 정말 나 같은 사람을 만날지도 모른다. 직업이나 취미를 중심으로 활성화되어 있는 회원 수 1만 이상 10만 이하 중소규모의 커뮤니티라면 모임 구성원을 구하기가 더욱 좋다. 가입한 커뮤니티가 없다면 자신이 좋아하는 것을 생각해서 검색해 보자. 단, 새로운 커뮤니티에 가입했을 때는 바로 모임을 제안하는 글을 올리지 말고 어느 정도 커뮤니티의 일원이 되고 신뢰를 쌓은 후 글을 올리기 바란다. 작고 결속력 강한 커뮤니티일수록 그만의 고유한 문화와 규칙이 있다. 첫 글이 다른 사용자들의 눈살을 찌푸리지 않게 주의하자. 첫 글이 랜선 육아 모임 모집 글이라면 사람들은 반응하지 않을 것이다.

## 생각과 경험을 나누는 커뮤니티 예시

나와 비슷한 고민과 생각을 하는 사람들이 모인 곳에서 활동하다가 모임을 시작해 볼 수 있다. 여기에 소개된 커뮤니티는 모두 온마을 구성원이 회원이거나 과거에 가입했던 곳들이다.

**다른 부모들과 소통하고 싶은 한부모라면**
서울특별시한부모가족지원센터 cafe.naver.com/seoulhanbumo
**두 배 세 배로 행복한 다자녀 가족이라면**
다자녀 가족 행복만들기 https://cafe.naver.com/donpiryo
**너무나 소중해서 외동 확정이라면**
세상에 하나뿐인 나의 별 https://cafe.naver.com/mymyson
**무엇을 어떻게 먹일까 늘 고민이라면**
아이주도 이유식/유아식 연구소 cafe.naver.com/blwkr
**온전히 엄마 손으로 아이를 키우고 싶다면**
가정보육맘 https://cafe.naver.com/grayicwtm
**먹이는 게 힘들어서 육아 난도가 올라간다면**
밥 안 먹는 아이를 둔 엄마들의 모임 https://cafe.naver.com/anbabmo
**세상에서 가장 용감한 아기들, 이른둥이의 부모라면**
아름다운 이른둥이 https://cafe.naver.com/stronginfant
**아이 발달을 세심하게 살펴 주어야 한다면**
거북맘vs토끼맘 https://cafe.naver.com/getampethskin
**애타는 마음으로 아이의 언어발달을 지켜보고 있다면**
엄마는 언어치료사 https://cafe.naver.com/slpmam
**피부 문제로 힘들어하는 아이를 돌보고 있다면**
아토피를 이긴 맘 https://cafe.naver.com/coodos17

요즘은 지역마다 육아지원센터를 운영한다. 지역별로 운영 방법이 조금씩 다르기는 하지만 육아지원센터에서 비슷한 개월 수 또는 동네 별로 그룹을 구성해 주기도 한다. 보통 육아품앗이, 가족품앗이, 자조모임 등의 이름이 있는데, 만약 그런 제도가 없다면 먼저 요청해도 좋다. 그 외에도 지역별 육아지원센터 사이트에서 어떤 도움을 받을 수 있는지를 확인하고 필요한 것을 이야기해 본다.

어디에서 찾든 오프라인 모임으로 지나치게 빨리 친해졌다가 급속히 소원해지는 것을 주의해야 한다. 우리가 찾는 모임은 '생각을 공유하는 모임'이라는 것을 잊지 말자. 가까운 지역이라면 랜선 모임을 유지하다가 추후 정기적 또는 비정기적 오프라인 모임을 한다면 더할 나위 없이 완벽하다.

### 전국 육아지원센터

서울 seoul.childcare.go.kr/
부산 busan.childcare.go.kr/
대구 daegu.childcare.go.kr/
인천 incheon.childcare.go.kr/
광주 http://gwangju.childcare.go.kr/
대전 http://daejeon.childcare.go.kr/
울산 http://ulsan.childcare.go.kr/
세종 http://sejong.childcare.go.kr/
경기 http://gyeonggi.childcare.go.kr/
경기 북부 http://gyeongginorth.childcare.go.kr/
강원 http://gangwon.childcare.go.kr/

충북 http://chungbuk.childcare.go.kr/
충남 http://chungnam.childcare.go.kr/
전북 http://jeonbuk.childcare.go.kr/
전남 http://jeonnam.childcare.go.kr/
경북 http:/gyeongbuk.childcare.go.kr/
경남 http://gyeongnam.childcare.go.kr/
제주 http://jeju.childcare.go.kr/

좀 더 작은 규모의 각 시도별, 지역별 육아종합지원센터는 위 사이트 또는 중앙육아종합지원센터(central.childcare.go.kr)에서 확인할 수 있다.

온마을은 교사 커뮤니티에서 파생되었다. 도토리가 평소에 올린 육아와 일상에 관한 글이 그의 닉네임과 함께 여러 사람에게 각인됐다. 공동육아를 해 보자고 올린 그의 글에 '도토리' 이름을 보고 사람들이 댓글을 달았고 도토리는 대댓글로 의사를 다시 한 번 확인하고 새 둥지로 희망자들을 초대했다. 물론 도토리를 모르고 18년생 아이라는 말만 보고 어영부영 따라온 사람들도 있다. 그리고 그렇게 우리는 온마을 구성원이 되었다.

## 온마을의 탄생

온마을이 한창 무르익을 무렵 오프라인 모임을 추진하기 위해 9명이 살고 있는 도시를 지도에 표시해 보았다. 정확하게 방사형 모양이 나왔다. 그래서 우리나라 딱 정중앙에서 만나면 되겠다는 결론을 내렸다. 제각각 다른 곳에서 살고 있듯이 온마을의 아이들 또한 정말 성향이 모두 다르다. 예컨대 새로이는 무조건 직진이다. 거침없고 대근육 발달이 빠르다. 두 돌 무렵 이미 롤러코스터도 적응 완료. 봉봉이는 말이 빨라서 두 돌이 되기 전부터 하고 싶은 말을 모두 언어로 표현하고 숫자와 알파벳을 읽을 수 있었다. 웃으면 눈이 사라지는 사랑스러운 윤이는 무조건 10분이면 식사 끝. 더 먹이고 싶어도 이미 식판을 내던진 채 사라지고 없단다. 온마을 막내 꼬북이는 자동차 마니아다. 늘 조그만 자동차를 들고 다니며 주식은 언제나 국이라고. 이렇게 서로 다른 아이를 키우며 무슨 이야기를 할까? 공감이 잘 될까? 하지만 이 다양성이 온마을을 풍요롭게 했다. 사는 곳도, 아이 기질도, 엄마 성향도 모두 다른 온마을을 좀 더 깊이 살펴보자.

온마을의 엄마 9명은 모두 학교 교사이다. 엄마들은 교육 자료를 나누는 교사 커뮤니티에 가입되어 있었다. 어느 날 우연히 닉네임 도토리가 쓴 글을 보게 되었다. 도토리는 혼자 첫아이 육아를 모두 감당하며 극도의 스트레스를 받고 있는 상황이었다. 이런 게 육아라는 것을 알았다면 아이를 낳지 않았을 거라고 늘 생각했다. 하지만 이미 선택하였고 시작된 것을 어찌하겠는가. 그래서 도토리는 활동 중이던 커뮤니티에 다음과 같은 글을 올렸다. 오른쪽은 도토리 글을 참고하여 만든 랜선 육아 메이트 찾기 예시 글이다.

## 초중고 교사 자료나눔터

**도토리**

18년생 육아 밴드 하실 분들 안 계세요?

저는 2018년 하반기에 태어난 남아를 키우는 엄마예요.

하루하루 보내기가 참 힘드네요.

같이 육아모임하면서 이야기 나누실 분을 찾아요.

육아에 관한 이야기들, 부담 없이 며칠에 한 번씩 올리고 사진도 공유하고요.

어디에 사는지와 아이 얼굴 공개되는 거 괜찮으시면 더 좋겠고요.

뭐 하고 노는지, 육아용품 추천, 비추천도 하고, 아이 데리고 갈만한 곳, 아이 이유식 레시피, 그냥 일상 이야기, 뭐든지요. 어떤 이야기라도 좋아요. 같이 이야기해요.

## (예) 아이와 세계여행 카페

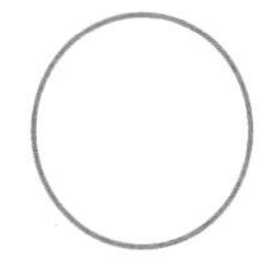

복덩이 엄마

### 인사말

안녕하세요.

랜선 육아 모임 같이 해 보실 분 찾아요.

### 아이 나이와 모임의 목적

우선 저희 아이는 19년 하반기에 태어났어요.

돌쟁이 아가들 키우느라 힘드신 분들과 같이 소통하면서 육아 정보도 공유하고 무엇보다 부담되지 않는 선에서 일상과 삶을 나눌 모임을 만들고 싶습니다.

### 기타

〈방구석 랜선 육아〉라는 책 읽어보셨나요? 아이 키우는 엄마들이 어떤 모임을 만들지, 어떻게 운영하면 좋을지를 안내하고 자신들의 사례도 들어 있는 책이에요. 〈방구석 랜선 육아〉를 기본으로 하면 더 좋겠어요.

### 모임 방법

모르시는 분들을 위해 요약하면, 인스타그램으로 맞팔하거나 단톡방 만드는 것을 넘어 같이 둥지를 만들어 살아가는 글과 사진으로 소통하는 거예요. 여행에 대한 꿈도 나눌 수 있으면 더 좋고요.

댓글로 간단하게 아이 소개와 함께 모임하고 싶은 이유를 적어 주시면 제가 대댓글로 초대 링크를 드리겠습니다.

도토리의 이 짧은 글에서 우리는 뻥 뚫린 느낌을 받았다. 나와 같은 생각을 하는 사람이 또 있었구나 싶어 얼마나 반가웠는지 모른다. 그리고 10명이 모였다. 경험도 규칙도 없었다. 그때는 그냥 하나의 흔한 육아 커뮤니티였을 뿐 지금의 온마을도 아니었다.

일단 당신이 가입한 커뮤니티에 용기를 내어 글을 올려 보자. 인사말, 아이 나이, 모임 목적, 모임 방법, 기타 사항이 꼭 들어가게 한다. 올리는 곳이 어디냐에 따라 멘트를 가감할 수 있다.

### 조건 1. 엄마가 아니라 아이가 동갑, 이왕이면 비슷한 개월 수

맘카페에서 자신과 동갑인 친구를 찾는 엄마의 글을 종종 본다. 엄마끼리 동갑이면 재미있고 편할 수는 있으나 랜선 육아 모임에서는 공감할 수 있는 공통주제가 사라지는 셈이다. 처음 온마을을 모집할 때 도토리는 자신의 아이 올튼이와 비슷한 18년생 하반기 아이들을 대상으로 했다. 하지만 온마을에는 18년생 상반기 아이의 엄마도 함께하고 있고 18년생 하반기 아이들과 더불어 그들의 형제자매들도 온마을 아이들이 되어 소식이 올라오니, 분명하게 선을 그을 필요는 없다.

온마을에서는 쪽쪽이 떼기, 기관 적응하기, 낮잠 시간 줄이기 등을 함께해 나갔다. 쪽쪽이 떼기는 봉봉이가 처음 시작했다. 봉봉이의 '쪽쪽이는 아기라서 엄마한테 가야 해' 스토리는 온마을 공식 쪽쪽이 떼기법이 되었다. 여름이 쓴 봉봉이 이야기를 읽고 심쿵이가, 봉봉이와 심쿵이의 이야기를 읽고 올튼이가 수월하게 쪽쪽이를 뗐다. 이런 이점이 있어 비슷한 개월 수의 아이들을 중심으로 모이는 것을 추천한다. 그러나 아이들은 점점 커 가기 때문에 반드시 그래야 하는 것은 아니다.

여름_봉봉이

#봉봉이 #육아와성장은이별의연속 #공갈젖꼭지

봉봉이 공갈젖꼭지 떼기에 대해 써 볼까합니다. 전 아이 생후 한 달 무렵부터 공갈을 물린, 그리고 그 천국을 정말 오래 누린 엄마예요. 그런데 돌 무렵 되니 점점 집착하기 시작하더라고요.

14개월 무렵에, 아직 떼를 덜 쓸 때 떼야겠다 마음먹고 공갈젖꼭지 없이 재우려하니 한 시간을 울고불고 해 결국 포기했어요.

이제 어린이집도 가야하고요. 잠도 안 오면서 잠 온다고 자겠다는 페이크를 쓰더라고요. (이불에 누워서 '낸내', '쭉쭉이'를 외침;;) 그리고 18개월쯤 되니 말귀를 알아듣게 되어 더 미루지 말자, 공갈 덕분에 1년 넘게 편했으니 며칠만 고생하자, 그렇게 마음먹고 봉봉이한테 계속 이야기했어요.

'쭉쭉이는 아기라서 엄마한테 가야해. 쭉쭉이 아야해서 엄마한테 가고 싶어해.'

그리고 낮잠 깨고 일어난 봉봉이한테 이제 쭉쭉이 가니까 빠빠이 인사하라고 했어요.

그날 밤에 일부러 잠 많이 올 때까지 참았다 자러 들어갔더니 생각보다 안 울고 빨리 자서 당황ㅎㅎ

둘째 날은 정말 죽을 뻔 했어요. 그래도 셋째 날 밤엔 애착이불을 꼭 끌어안고 바로 잠들었어요. 방금 전 재우러 들어오니 나지막이 '쭉쭉이' 부르는 듯 마는 듯 하더니 잠들었어요.

오늘 밤은 어떨지 걱정이긴 하지만 생각보다 적응해 나가는 것 같아 한시름 놓았어요. 혹시 몰라 놔뒀던 공갈은 오늘 과감히 쓰레기통에 버렸고요.

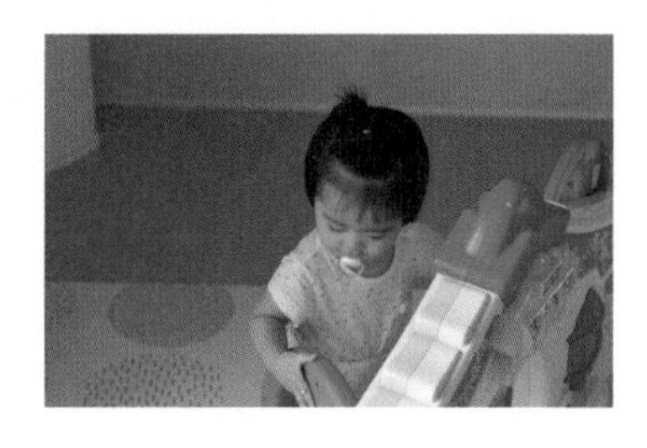

그 동안 엄마가 결심을 못해서 미뤘구나, 아기는 생각보다 잘 적응하는구나, 하는 생각이 들었어요.

혹시 공갈떼기를 준비하시는 분들께는 너무 걱정 안 해도 될 것 같다는 위안을 드리고 싶어요. 왠지 이제 말이 좀 통하는 것 같다, 시도해도 될 것 같다는 느낌이 올 때 도전하세요. 아이가 처음에는 울고 슬퍼해도 내가 이겨낼 수 있겠다는 결심이 설 때가 오는 것 같아요.

그렇게 정들었던 공갈과 이제 이별한다 하니 이만큼 컸구나 싶으면서도, 한편으로는 이렇게 정든 것과 이별하는 게 짠하기도 해요.

모빌과, 바운서와, 젖병과, 그렇게 아기가 좋아하던 물건과 차례로 이별하는 게 육아이자 성장인 것 같아요.

참, 공갈 금단현상일까요? 과자를 부쩍 찾아요;;

### 조건 2. 일상과 생각을 나눌 수 있는 사람

요즘은 맘카페, 인스타, 오픈카톡 등 SNS를 통해 육아 모임, 육아 메이트를 찾기 쉽다. 맘카페나 인스타만 봐도 '18년 개띠맘 육아 친구해요.'라는 댓글 등으로 소통을 갈구하는 사람들이 허다하다. 하지만 채팅방을 파고 '개띠맘 모여라'를 만들어도 그때그때 궁금증 해결 통로로 쓰이다가 나중에는 해킹으로 19금의 낯부끄러운 메시지만 보게 된다. 즉 너무 일회적이고 단편적이어서 깊이 있는 이야기도 없고 관계도 맺어지지 못한다. 운이 나쁘면 키보드 워리어와 마주해 내 귀한 시간에 눈 버리는 일만 당할지도 모른다.

실제로 도토리는 처음 육아 모임을 찾아 헤매던 때에 맘카페에서 '동네 친구 찾아요.'라는 글에 댓글을 달고 친구 하기로 했더니 자기 아이를 잠깐 봐줄 수 있느냐는 부탁을 받았다. 본인이 꾸미고 가꿀 시간이 필요해서였다. 아직 친해지기도 전인데 말이다. 잘 알지도 못하는 사람에게 어떻게 아이를 맡기지? 도토리가 거절했더니 예상한 대로 연락이 바로 끊겼다.

### 조건 3. 공통점을 가진 사람

아이 엄마라는 기본 조건 외에 또 다른 공통점이 있으면 좋다. 양육자의 직업이나 관심사가 비슷할 수도 있고, 아이에 대한 육아 방향을 공통점으로 잡을 수도 있다. 맘카페나 지역 카페에서 모임을 모집하더라도 단순히 아이가 동갑인 사람을 대상으로 하기보다는 양육자나 아이에 대한 공통점이 추가된다면 나눌 수 있는 이야기가 더욱 풍성해진다.

### 조건 4. 육아에 대한 생각이 비슷한 사람

모집 글을 올릴 때 간단하게 자신이 생각하는 육아 방향을 알리는 것이 좋다. 육아에 대한 가치관이나 방향이 같은 사람들이 모이면 좋은 아이디어와 경험이 쌓인다. 집단지성의 시너지가 발휘될 것이다. 서로 예민하게 생각하는 부분에 대해서는 미리 알리고 시작하는 것이 좋다. 예를 들면 다음과 같은 것들이다.

#### 육아 모임의 방향이 될 수 있는 생각들

-저는 책육아를 하고 싶어요. 책 좋아하시는 분들 모여 주세요.

-저는 아이가 자유롭게 뛰노는 게 중요하다고 생각해요.

-아이가 너무 안 먹어서 고민이에요. 같이 먹이는 방법도 나누고 그나마 먹어 주는 식단도 공유해요.

-아이가 낯을 많이 가려요. 아이들끼리 잘 지낼 수 있는 방법 공유해요.

-좋은 육아용품이 있다면 서로 소개해요. '육아는 장비빨'이란 말에 적극 동의해요.

-육아우울증을 극복하고 싶어요. 아이도 중요하지만 바닥으로 떨어진 엄마의 자존감을 먼저 회복하고 싶은 분들 함께해요.

### 육아 모임에서 공유하지 않기를 바라는 생각들

-남편이랑 정치로 하도 싸워서, 민감한 문제는 서로 말 않고 시작해 볼까 해요.

-은근한 자랑 노노노! 서로의 경제 수준이나 직업 같은 건 공개 안 해도 좋아요.

-각종 사교육, 영어 학원 유치부(영유)나 엄마표로 달리는 이야기 말고 천천히 자연스럽게 키우길 원하는 분이면 더 좋겠어요.

# 장난 같은 첫 만남, 운명 같은 첫 글

## 밴드나 카페 등 휴대전화로 접근하기 쉬운 플랫폼을 선택한다

육아를 하다 보면 컴퓨터로 소통하기란 하늘의 별 따기다. 잠깐 쉬는 틈에 컴퓨터 앞에 앉기도 힘들뿐더러 컴퓨터를 아이 앞에서 켜기라도 하면 그날은 컴퓨터의 생명이 줄어드는 날이기 때문이다. 그리고 아이를 재우고 누워서 다른 멤버들의 글과 사진을 보는 기쁨이 이루 말할 수 없으므로 휴대전화로 접근할 수 있는 플랫폼이면 무엇이든 좋다.

### 사진, 동영상, 글을 올릴 수 있어야 하고 검색도 쉬워야 한다

카카오톡이나 라인, 텔레그램 등 채팅 앱을 사용하는 육아 모임을 할 수도 있지만 이는 일회적이며 소모적이다. 기록으로 남길 수 없고 내용에 대한 피드백도 깊이가 없다. 메시지가 뜸해지다 사라지기 일쑤고, 급기야 누군가가 퇴장하는 모습을 볼 수밖에 없다. 따라서 카페나 밴드와 같이 게시물을 올릴 수 있는 플랫폼을 선택하는 것이 좋다.

### 채팅이 가능해야 한다

육아 중 비상사태가 있을 때 혹은 엄마의 멘탈에 문제가 있을 때 채팅을 통해 바로 궁금한 것을 물을 수 있어야 한다. 그때 글로 써서는 해결이 안 되던 걱정, 화, 불안과 같은 부정적 감정이 채팅으로 소통하면서 해소된다. 그래서 반드시 채팅 기능이 필요하다. 온마을에서는 매주 토요일 밤 10시에 한 번 다 같이 채팅을 하는데, 모두 그 시간에 미친 사람처럼 웃는 얼굴로 채팅한다. 당신도 남편에게서 "뭐 하는데 그렇게 실실거려? 연애해?"라는 말을 듣게 될지도 모른다. 자는 아이 옆에 누워 어둠 속에서 채팅창을 보며 숨죽여 웃는 그 기쁨은 맛보지 않은 사람은 모른다.

나무_또또

육아 메이트님들, 또또가 요새 성인과 비슷한 수면 시간이 되어 채팅에 통 참여를 못했는데 급히 여쭤볼 일이 있어 채팅창 두드립니다.

나무_또또

어제 일본뇌염 사백신 3차접종을 하고 밤부터 열이 오르더니 한 시간 전에 40도 찍었어요(브라운 고막체온계). 부루펜 계열 해열제 두 번 먹이고, 기저귀만 채우고 미온수 마사지 계속 하는데 떨어진 게 겨우 39.6도예요. 접종한 소아과에서는 내일까지 열 날 수 있다고 오늘 내원하지 말라고 하는데요. 이 정도 열이 지속되는데도 일단 지침 따라야 할까요?

## 엄마와 아이가 연결되는 닉네임을 정한다

처음에는 아이와 엄마가 잘 연결되지 않고 아이 이름도 헷갈린다. 그래서 '엄마 닉네임_아이 이름', '엄마 닉네임_아이 태명'으로 가입할 수 있게 안내한다. 닉네임과 함께 프로필 문구를 넣을 수 있는 칸이 있으면 거기에 아이의 생일을 써 놓아도 좋다. 서로를 부를 때 윤 엄마, 봉봉이 엄마, 새로이 엄마처럼 누군가의 엄마로 부르는 것보다는 호칭을 떼고 땅콩, 비엔, 도토리 같이 각자의 닉네임을 부르는 게 더 좋다. 나이를 밝히고 언니, 동생 하는 순간 상하 관계가 생긴다. 처음엔 어색하더라도 랜선의 장점을 최대한 누리자. 내가 어디 가서 비엔, 캔디 등으로 불리겠는가. 또 열 살 차이 나는 여자들과 서로 이름을 부르며 친구가 될 수 있겠는가. 바로 여기, 온마을에서는 가능하다.

### 모임 인원은 7~10명이 적당하다

구성원 모두 글을 자주 올릴 수 있는 환경이라면 소수 인원도 가능하겠지만 아이와 시간을 보내다 보면 잠투정, 이앓이, 각종 전염 질환 등 아이에게 시간을 쏟아야 할 때가 많다. 자연스레 육아 모임이 소원해질 수 있는데 온마을은 10명으로 시작하여 그런 걱정이 없었다. 어디에서 사람들을 모았는지에 따라 다르지만, 육아, 지역, 소비 등 덩어리가 큰 포괄적인 주제로 불특정 다수가 모인 커뮤니티라면 기준보다 20퍼센트 정도 더 모집하는 것이 알맞다. 7~10명을 기준으로 생각했다면 모임 인원은 12명 내외가 적당하다.

### 성공의 첫 번째 신호, 첫 글이 중요하다

글을 올리고 사람들이 호응을 보내오면 그들과 함께 새 둥지로 이동한다. 모든 사람이 새 둥지로 이동한 후에 가입 인사를 갈음하는 첫 글을 올린다. 첫 글은 중요하다. 이곳이 어떤 곳인지 알리는 메시지를 담은 신호이기 때문이다. 무턱대고 우리 아이의 가장 예쁜 사진을 올려서는 곤란하다. 첫 글에 자신을 약간 오픈할 수 있는 짧은 글쓰기 주제를 곁들이면 좋다. 물론 모임의 장인 당신이 먼저 시작한다. 다른 이들은 당신의 첫 글을 보고 따라올 것이다.

이 단계에서는 모임이 꾸려진 후 얼마 되지 않아 생각보다 많은 사람이 이탈할 수 있다. 호응에 들떠 한 번에 모든 것을 오픈하고 에너지를 과다하게 쏟는 것은 유의해야 한다. 자신을 보호하기 위해서다. 별일 아닌 것 같지만, 사소한 실패가 내 안의 불신과 상처로 남을 수 있다.

 도토리_올튼

#첫글

안녕하세요! 용기 내어 온마을 밴드 모임을 만들어 보았습니다. 먼저 제 소개를 할게요.

**1. 이름** 저는 도토리이고, 아이는 올튼이에요. 첫째이자 막내 / 2018년 10월생

**2. 사는 지역** 경기도에 살아요.

**3. 이 모임을 하는 이유**

'아이는 자라는데, 요즘 나는 뭐 하고 있지?', '아이를 방치하고 있는 건 아닐까?'라는 생각이 들었어요. 아이를 늦게 낳아 또래도 없고, 맘 터놓을 곳이 없어서 직접 모임을 만들어 보았습니다. 그리고 이야기가 하고 싶어요!

**4. 이 밴드에서 우리가 지켰으면 하는 것들**

비방 금지요. 특히 아이들에 대해선.

**5. 아이 사진 하나**

수영장에서 겁먹은 올튼이입니다.

*위와 같은 소개 글을 작성해 주세요.

*일주일에 한두 개 정도 글을 올려 주세요.

*시작부터 '강퇴' 이런 규정은 만들지 않겠습니다.

**땅콩_준**

#인사드려요

온마을 모임에 초대해 주셔서 감사합니다.

영광입니다ㅎㅎㅎㅎ

**1. 이름** 전 땅콩입니다. 아이는 준 / 2018년 9월생 / 남아예요. 누나는 9살, 터울이 무려 6살

**2. 사는 지역** 청주

**3. 이 모임을 하는 이유**

첫째 키우고 나서 감이 떨어졌나 봐요. 아님 둘째라서 방치 중? 준에게 미안해서 가입했어요. 다른 또래들은 어떻게 크고 있나 궁금해요.

**4. 이 밴드에서 우리가 지켰으면 하는 것들**

소중한 댓글과 상호 비방 금지. 댓글은 소중하니까요!

**5. 준이 사진도 올려봅니다.^^**

## 온마을에 대한 궁금증 Q&A

**Q.** 비슷한 개월 수의 아이들이라면 몇 개월 정도를 말하는 건가요?

**A.** 6개월 정도 차이가 있도록 상반기, 하반기 아이들로 구성하면 육아 모임을 이끌어 가기 좋을 것 같아요. 온마을은 6월부터 12월생까지 아이들로 구성되어 있었어요. 일부러 모집할 때부터 하반기 아이들 위주로 구성했죠. 이유는 아이들이 어릴수록 발달에 차이가 크게 나잖아요. 이야기 소재나 관심사에 공통점을 찾으려면 비슷한 개월 수가 좋겠다고 생각했고 그 방향이 맞았어요. 아이들이 함께 커 나가며 영유아기를 지나고 있는 것 같아 더 좋아요. 다만 이건 꼭 그래야 한다기보다는 그렇게 하면 육아 모임을 진행하기 좋다는 팁이니까 상황에 맞게 하면 될 것 같아요.

**Q.** 채팅은 언제 시작하면 좋을까요?

**A.** 모임을 만들자마자 시작하는 것은 좋지 않은 것 같아요. 조심스럽기도 하고 어색할 수 있거든요. 어느 정도 서로에 대한 정보, 신뢰, 모임 내의 에피소드들이 쌓이고 나서 시작하는 게 좋아요. 온마을에서는 모임 시작하고 석 달 정도 지난 후에 처음 채팅을 했는데, 정말 즐거웠어요. 그래서 주말 밤 육퇴(육아 퇴근) 후에 정기적으로 모여서 대화를 나누게 되었어요. 제일 먼저 채팅을 제안했던 분이 '눈팅은 필수, 채팅은 선택'이라는 말로 부담 주지 않고 채팅을 열었던 게 정말 좋았어요. 처음엔 토요일 오후에 하다가 아이들 사정 때문에 빠지는 경우가 많아 토요일 밤 육퇴 후 10시로 시간을 바꾸었어요.

## ♡온마을♡

**땅콩_준**

#준 #온마을

음... 당장 행복해지기 위해서 단체 채팅을 매주 한 번씩 하면 좋을 것 같아요.

매주 토요일 오후 2시에, 브라보콘!

"네가 2시에 온다면 난 1시부터 기다릴 거야."

눈팅은 필수, 채팅은 선택.

온마을 밴드는 사랑입니다.

**Q.** 채팅은 모두 오면 시작하나요? 부담되지 않나요?

**A.** 아니요. 먼저 육퇴하는 사람들끼리 시작하기 때문에 정해진 시간보다 일찍 시작할 때도 있고 어떤 때(아이들이 모두 늦게 잘 때나 부부가 돈독한 시간을 보낼 때!)는 늦게 시작하기도 해요. 부담될 수 있으므로 강제는 아니에요. 피곤하면 먼저 자기도 하고 아예 참석을 못 해도 아무도 뭐라 하지 않아요. 그냥 그리워할 뿐! 또 즐거운 대화도 길어지면 피로해질 수 있고 다음 날 아이와의 시간에 영향을 미칠 수 있어서 12시쯤 되면 무조건 종례를 해요(종례 담당자를 정해도 좋습니다). 이런 이유로 채팅이 부담스럽진 않아요.

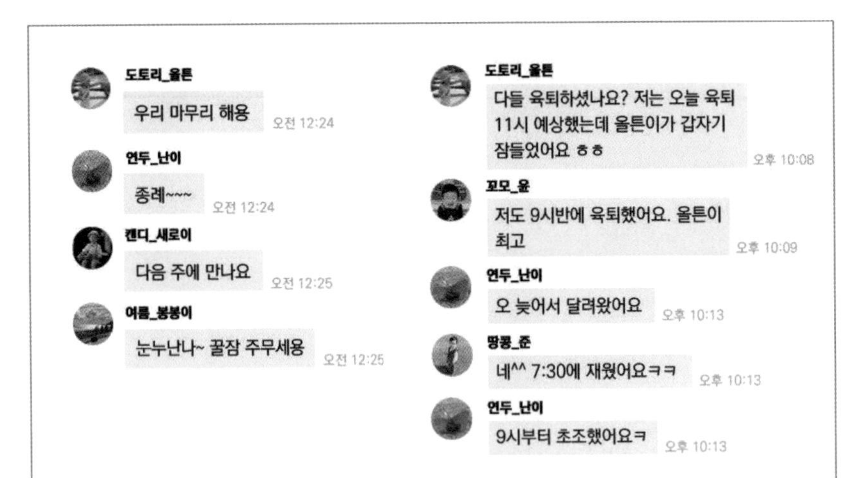


**Q.** 전업맘끼리, 워킹맘끼리 모이는 게 좋을까요?

**A.** 비슷한 환경에 있는 사람들이 할 이야기가 더 많을 것 같기는 해요. 그런데 온마을의 경우 전업맘과 워킹맘이 섞여 있는 조합이었는데도 전혀 문제가 되지는 않았어요. 다만 서로의 입장을 이해하는 것이 필요하다고 생각해요. 동네 엄마들 모임에서 보면 전업맘과 워킹맘이 분리된 경우가 많잖아요. 서로 도울 수 있는 부분도 분명히 있을 텐데요. 내 아이가 언젠가부터 소외되는 듯한 느낌, 나를 제외하고 모임이 이루어졌다는 걸 알았을 때의 기분, 뭐 그런 것들이 썩 유쾌하진 않죠. 그런데 핵심이 전업이냐 워킹이냐가 아니에요. '생각'의 차이예요. 온마을에서는 워킹맘인 누군가가 2주 넘게 글을 올리지 않으면 모두가 걱정할 뿐 강퇴를 생각하진 않아요. 반대로 집에서 아이를 돌본다고 매일 댓글을 쓰기 위해 출근 도장을 찍어야 하는 것도 아니죠.

# 운영편

## 10년을 가거나 소리 없이 사라지거나

육아 모임도 조직이다. 어떻게 운영하는지에 따라 10년을 갈 수도 있고 일주일 만에 아무도 글을 올리지 않아 마침내 폐쇄되는 지경에 이를 수도 있다. 랜선 육아 모임뿐 아니라 일상에서의 친목 모임도 마찬가지이므로 도움이 될 만한 조언을 사례 중심으로 모았다.

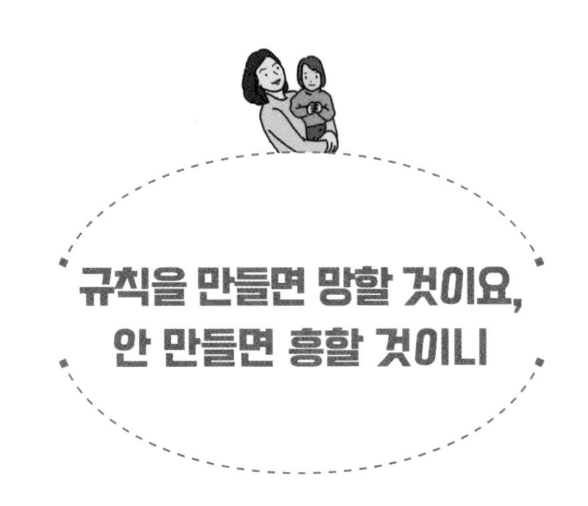

# 규칙을 만들면 망할 것이요, 안 만들면 흥할 것이니

## 무無 규칙이 제일 좋은 규칙

결성된 모임이 잘 운영되기 위해서는 규칙이 필요하다. 아이의 학습 관련 카페나 밴드에서는 '일주일에 게시글 1개, 댓글 3개 작성, 매주 일요일 결산 댓글 달기'와 같은 엄격한 규칙을 찾아볼 수 있다. 하지만 랜선 육아 모임에서는 엄격한 규칙을 적용하여 글쓰기를 강제할 경우 오히려 실패할 확률이 높다. 대규모 커뮤니티에서는 정보를 찾으려는 사람들이 계속 유입되기 때문에 순환이 되어 커뮤니티가 유지될 수 있지만 삶 나누기를 목표로 하는 작은 모임에서 하나둘 인원이 빠져나가면 흔들리기 쉽다. 남아 있는 사람들에게도 문제가 된다. 중간에 인원을 충원하는 것도 힘들다. 공유하는 삶의 크기가 다를 경우 동등하게 친밀감을 유지하며 마치 원과 같은 적절한 긴장과 균형을 유지하기 어렵기 때문이다. 그래서 초기에 생각을 같이하는 사람들이 모이는 것이 중요하다.

모임 구성원이 자신도 모르게 어길 수 있는 규칙이라면 규칙을 손봐야 한다. 꼼꼼하게 읽어 보고 공부해야 하는 규칙은 이미 규칙을 위한 규칙일 뿐이다. 편안하게 모임에 들어오고 우리 아이와 내 일상에 대해 편안하게 나누는 데 복잡하고 어려운 규칙은 필요 없다. 시간이 지나면 초기의 떠들썩함이 사라지고 가라앉는 때가 오고 침체는 주기적으로 반복된다. 이때 모임의 장 또는 모임에 애정을 가진 사람들이 기지를 발휘해서 다음 장에 이어질 글쓰기 주제를 던져 주면 다시 활성화된다. 육아 이외에 엄마 개인에 대한 주제면 더 효과적이다. 아이를 키우는 과정에서 삶의 상당 부분이 아이로 채워지고 자신이 옅어지는 느낌을 받는다. 행복하지 않다는 말이 아니다. 행복하지만, 또 다른 삶을 살았던 자신을, 같은 경험을 하는 타인들과 함께 공유하는 시간을 갖는다는 것이다. 침체와 끌어올리기의 과정이 반복되며 모임은 점점 더 단단해져 간다.

온마을에는 강제하는 어떠한 규칙도 없다. 애초에 없었고 앞으로도 없을 것이다. 하지만 우리 모임에서 그 누구도 말하지 않았지만 모두가 꼭, 반드시, 철저히 지키고 있는 것이 있다. 바로 '이해'다. 그 사람은 본래 '그러한 사람임'을 있는 그대로 인정하는 것이다.

## 관계의 끈을 동일하게 조이기

누구나, 어디에서나 그렇지만, 나와 더 잘 통한다고 느껴지는 사람이 있다. 대형 커뮤니티가 한순간에 좌초되는 이유 중 하나로 사람들은 '친목'을 꼽는다. 소위 커뮤니티에서 네임드named라고 하는 인기 있는 구성원을 중심으로 소규모의 친목이 형성되는 것이다. 커뮤니티에서 네임드 구성원과 그 주변 구성원들이 흐름을 좌지우지하면 다른 구성원들은 자유롭게 의견을 개진하지 못한다. 게시글이나 댓글에서 반말을 하거나 서로만의 친목이 드러나는 내용을 쓰면 다른 구성원들은 주변인이라는 느낌을 받는다. 커뮤니티의 생명력이 떨어지기 시작하는 신호다.

랜선 육아 모임에서는 더욱 세심하게 접근해야 한다. 예컨대 댓글을 달 때 특정인의 글에만 댓글을 달아서는 안 되고, 짧아도 모든 사람에게 댓글을 다는 것이 좋다. 바쁠 때는 한마디 정도 짧게 달고 다시 돌아와 소통하는 것도 방법이다. 중요한 것은, '내가 대접받기를 원하는 만큼 타인을 대접해 주어야 한다.'는 것이다. 글을 올리고 몇 번이고 들락날락 새로고침을 하면서 내 글의 댓글을 '몰래' 기다려 보지 않았는가.

**캔디_새로이**

**#새로이_아니고_엄마수다** 어제 집계약을 했어요 먼저 이사 갈집 계약해놓고 집 안팔리면 어떡하나 여기저기 대출 알아보고 정신없이 살아서 밴드 글쓰기도 시작도 못했어요. 2시간 출퇴근하며 그 시간에 전화로 여기저기 알아보고 집에 오면 아이들 챙기다 골아떨어져져서 원래 커피마시면 날밤 새는데 얼마나 피곤한지 커피를 두...

댓글 11

**도토리_올튼**
..책추천 오디오클립 추천 감사해요 일단
정올튼이 온 집안을 물바다 만드는 중이라 좀이따가 다시 올게요.
10월 20일

## 규칙을 만든다면 조금은 느슨하게, 모두의 의견을 모아서

육아 모임은 엄마들의 고충을 나누고, 나를 돌보고, 아이를 잘 키워 나가기 위해 결성된 모임이다. 짧은 시간 내에 친밀감을 느끼게 하고 체계적으로 운영하려는 의도로 규칙을 꼼꼼하게 정한다면 어떤 구성원은 부담감을 크게 느낄 수 있다. 우는 아이를 달래기 위한 방법이 궁금하고 내 마음을 털어놓고 싶다고 해서 오열 중인 아이를 내버려 둔 채 모임에 접속할 수는 없는 일이다.

규칙을 만든다면 가급적 간단하고 느슨하게 정하고, 규칙보다는 우리 모임의 '약속'이라고 부드럽게 표현하는 것이 좋다. 강퇴에 해당하는 내용보다는 '권장하는 내용', '내가 원하는 모임의 모습' 등으로 이야기를 꺼내며 구성원들의 의견을 모아 함께 정하는 것을 권한다. 이를 위해 구글 스프레드시트와 같은 도구를 이용할 수도 있다.

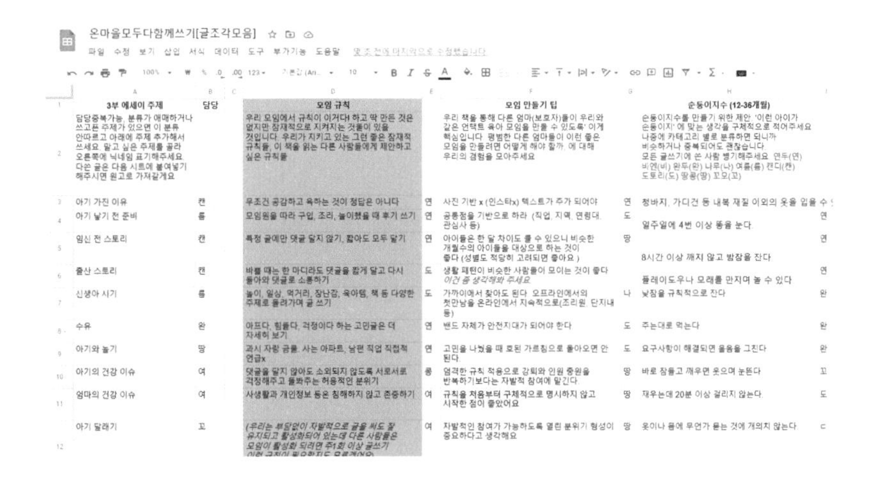

온마을모두다함께쓰기[글조각모음]

| 3부 에세이 주제 | 담당 | 모임 규칙 | | 모임 만들기 팁 | | 순둥이지수 (12-36개월) | |
|---|---|---|---|---|---|---|---|
| 담당중복가능, 분류가 애매하거나 쓰고픈 주제가 있으면 이 분류 안따르고 아래에 주제 추가해서 쓰세요. 말고 싶은 주제를 골라 오른쪽에 닉네임 표기해주세요. 다쓴 글은 다음 시트에 붙여넣기 해주시면 원고로 가져갈게요 | | 우리 모임에서 규칙이 이거다! 하고 딱 만든 것은 없지만 잠재적으로 지켜지는 것들이 있을 것입니다. 우리가 지키고 있는 그런 좋은 잠재적 규칙들, 이 책을 읽는 다른 사람들에게 제안하고 싶은 규칙들 | | 우리 책을 통해 다른 엄마(보호자)들이 우리와 같은 언택트 육아 모임을 만들 수 있도록' 이게 핵심입니다. 평범한 다른 엄마들이 이런 좋은 모임을 만들려면 어떻게 해야 할까. 에 대해 우리의 경험을 모아주세요 | | 순둥이지수를 만들기 위한 제안. '이런 아이가 순둥이지' 에 맞는 생각을 구체적으로 적어주세요 나중에 카테고리 별로 분류하면 되니까 비슷하거나 중복되어도 괜찮습니다. 모든 글쓰기에 쓴 사람 병기해주세요. 연두(연) 비엔(비) 완두(완) 나무(나) 여름(름) 캔디(캔) 도토리(도) 땅콩(땅) 꼬모(꼬) | |
| 아기 가진 이유 | 캔 | 무조건 공감하고 욕하는 것이 정답은 아니다 | 연 | 사진 기반 x (인스타x) 텍스트가 주가 되어야 | 연 | 청바지, 가디건 등 내복 재질 이외의 옷을 입을 수 | |
| 아기 낳기 전 준비 | 름 | 모임원을 따라 구입, 조리, 놀이했을 때 후기 쓰기 | 연 | 공통점을 기반으로 하라 (직업, 지역, 연령대, 관심사 등) | 도 | 일주일에 4번 이상 똥을 눈다. | 연 |
| 임신 전 스토리 | 캔 | 특정 글에만 댓글 달지 않기, 짧아도 모두 달기 | 연 | 아이들은 한 달 차이도 클 수 있으니 비슷한 개월수의 아이들을 대상으로 하는 것이 좋다 (성별도 적당히 고려되면 좋아요 ) | 땅 | 8시간 이상 깨지 않고 밤잠을 잔다 | 연 |
| 출산 스토리 | 캔 | 바쁠 때는 한 마디라도 댓글을 짧게 달고 다시 돌아와 댓글로 소통하기 | 도 | 생활 패턴이 비슷한 사람들이 모이는 것이 좋다 *이건 좀 생각해봐 주세요* | | 플레이도우나 모래를 만지며 놀 수 있다 | 연 |
| 신생아 시기 | 름 | 놀이, 일상, 먹거리, 장난감, 육아템, 책 등 다양한 주제로 돌려가며 글 쓰기 | 도 | 가까이에서 찾아도 된다. 오프라인에서의 첫만남을 온라인에서 지속적으로(조리원, 단지내 등) | 나 | 낮잠을 규칙적으로 잔다 | 완 |
| 수유 | 완 | 아프다, 힘들다, 걱정이다 하는 고민글은 더 자세히 보기 | 연 | 밴드 자체가 안전지대가 되어야 한다 | 도 | 주는대로 먹는다 | 완 |
| 아기와 놀기 | 땅 | 과시 자랑 금물. 사는 아파트, 남편 직업 직접적 언급x | 연 | 고민을 나눴을 때 호된 가르침으로 돌아오면 안 된다. | 도 | 요구사항이 해결되면 울음을 그친다 | 완 |
| 아기의 건강 이슈 | 여 | 댓글을 달지 않아도 소외되지 않도록 서로서로 걱정해주고 들봐주는 허용적인 분위기 | 름 | 엄격한 규칙 적용으로 강퇴와 인원 충원을 반복하기보다는 자발적 참여에 맡긴다. | 땅 | 바로 잠들고 깨우면 웃으며 눈뜬다 | 꼬 |
| 엄마의 건강 이슈 | 여 | 사생활과 개인정보 등은 침해하지 않고 존중하기 | 여 | 규칙을 처음부터 구체적으로 명시하지 않고 시작한 점이 좋았어요 | 땅 | 재우는데 20분 이상 걸리지 않는다. | 도 |
| 아기 달래기 | 꼬 | *(우리는 부담없이 자발적으로 글을 써도 잘 유지되고 활성화되어 있는데 다른 사람들은 모임이 활성화 되려면 주1회 이상 글쓰기 이런 규칙이 필요할지도 모르겠어요)* | 여 | 자발적인 참여가 가능하도록 열린 분위기 형성이 중요하다고 생각해요 | 땅 | 옷이나 몸에 무언가 묻는 것에 개의치 않는다. | ㄷ |

구글 문서, 스프레드시트 등은 여러 접속자가 시간에 상관없이 접속해 생각을 기록하고 나눌 수 있어 유용하다. 예를 들면 각 행에는 구성원 누구나 떠오르는 생각을 자유롭게 기록하며 시작한다. 행 옆에는 행별 내용과 관련

한 구체적인 예시, 보충, 반대 의견을 제시할 수 있다. 모아진 의견을 바탕으로 하여 원격 모임(줌 또는 구글 미트, 채팅)으로 최종적인 약속을 정해 볼 수 있다. 물론 이 약속은 모임을 운영해 가면서 수정할 수 있다. 위 예시는 이 책을 쓸 때 온마을에서 만들어 사용한 시트의 일부 내용이다. 9명이 단 한 번도 대면하지 않고 모든 것이 이루어졌고, 그 과정이 엄청나게 재미있고 흥미진진했다.

### 리더는 누가 맡아야 하는가?

모임을 만들어 운영하다 보면 누군가 앞장서는 사람이 필요하기 마련이다. 온마을의 경우에는 처음 글을 올리고 사람들을 모이게 한 도토리가 이 역할을 담당했다. 6개월 차에 오프라인 엠티를 추진할 때 도토리는 9명 모두의 접근성을 따져 장소를 추천하고 숙소 예약, 결제, 회비 관리 등을 맡았다. '당신이 리더'라고 굳이 정하지 않더라도 초기에는 구성원을 모집한 사람이 역할을 맡다가, 시간이 지나 각자의 성향이 드러나면 자연스럽게 맡게 되는 역할이 생긴다. 초기에 리더를 맡은 사람은 구성원들이 자신을 잘 드러낼 수 있도록 좋은 소재를 공유하는 등 멍석을 깔아 준다. 이후에는 자연스럽게 수면 위로 올라오는 사람을 따라 주면 된다. 온마을에서도 채팅, 출판, 교육 정보 나눔 등을 각각 주도하는 사람이 달라 색채가 다양하다.

### 자랑은 금물, 돌려 자랑하기도 금물, 대놓고 자랑하기도 금물

온라인을 기반으로 하므로, 전국 각지의 다양한 사람들과 만날 수 있다. 삶에서 중요한 가치나 방향, 경제적인 수준도 굉장히 다르다. 어떤 모임이든 건강한 모임을 만들고 싶다면 과시와 자랑은 금물이다. 자랑인 듯 아닌 듯 은근슬쩍 사진 속에 고가의 물건, 로고가 보이게 하는 사람을 자주 볼 수 있다. 이런 과시를 통해 내가 얻는 것이 무엇인지 생각해 보자. '우리 아이는 하루 종일 숫자만 가지고 놀아요. 지금은 1부터 10까지 말해요. 엘리베이터 숫자도 정확하게 눌러요. 어휴 참, 숫자만 알아서 걱정이에요. 괜찮을까요?' 하고 돌쟁이 엄마가 쓴다면 절대 곱게 보이지 않는다. '요즘 약국이 무척 바쁘다고 남편이 힘들어해요. 돈도 돈이지만 몸을 아꼈으면 좋겠는데.'라고 쓰는 것보다, 남편이 야근이 잦다고 쓰는 게 낫다. 남편 직업이 뭐냐고 묻지도 말자. 상대가 밝히지 않는 데는 그럴만한 이유가 있다.

혼자 보기 아까운, 내 아이가 성장해 가는 모습을 보여 주는 것은 얼마든지 함께 사랑해 주고 축복해 줄 것이다. 처음으로 혼자 그네 타기, 첫 번째 젓가락질, 첫 기관 생활, 새로운 낱말의 출현 같은 소식은 언제나 환영이다. 아이의 성장 소식은 내 아이의 과거를 떠올리게 하고, 곧 다가올 내 아이의 미래를 예상케 한다. 그래서 일면식도 없는 아이의 성장에 같이 울고 웃는다.

♡온마을♡ 

 비엔_꼬북

#꼬북

꼬북이는 연휴 끝나고 다음날부터 어린이집 등원을 시작했어요. 꼬북이가 12월생이라 너무 어린애를 보내는 건 아닌지 고민이 많았는데, 코로나 사태를 지내오며 하루 종일 심심하게 지내는 것 같아서 일단 오전만 보내 보려고 합니다. 첫날은 쭈뼛쭈뼛하더니 자동차를 보고 스르르 경계심을 무너뜨립니다. ㅋ

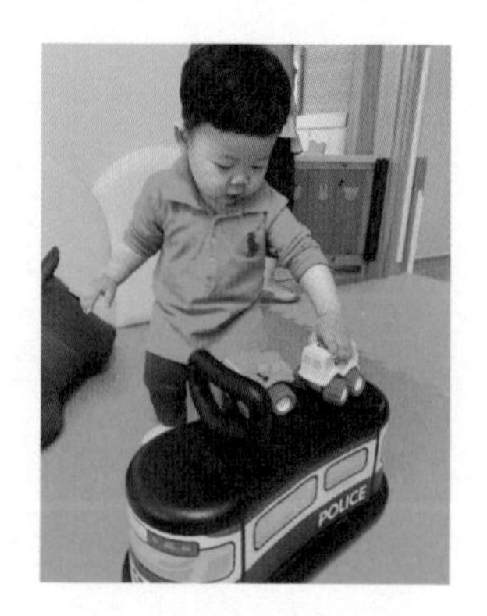


댓글 12

여름_봉봉이

오, 꼬북이 적응 빠른데요? 아프지 말고 울지 말고 씩씩하게 잘 다니길!

꼬모_윤

꼬북이 적응력, 놀라워요. 윤이는 어린이집에서도 엄마만 찾아요. 부럽습니다. 꼬북이

금방 적응 끝날 것 같아요.

---

완두_심쿵

가정식 어린이집인가요? 꼬북이 적응력이 놀랍네요! 어린이집 보내시는 거 너무나 부럽습니다! 아이구, 기특해라.

---

땅콩_준

우오아아아! 어린이집 적응 최고네요.^^ 사진 보니 완전 귀여워요+.+

## 모임원을 따라 구입, 조리, 놀이했을 때의 후기를 쓴다

랜선 육아 모임을 하다 보면 서로 다른 사람들이 모여 있어서 더 재미있다는 사실을 발견할 수 있다. 이들은 내가 몰랐던 세계를 소개해 준다. 금전상, 공간상 모든 물건을 다 살 수 없으니 다른 사람들이 사용해 보고 올려 주는 후기와 팁을 참고한다. 우리 아이와 내 성향까지 고려해서 선택한다면 실패 확률은 낮아진다. 종이컵으로 만든 장난감은 시답지 않아 보이지만 아이들이 까르르 웃는 포인트가 있다. 애호박 파스타는 생소하지만 간단하며 기호도가 엄청나게 좋았다. 심쿵이네 토마토소스는 온마을 모두의 냉장고에 쟁여 놓는 핫 아이템이 되었다.

마치 저작권을 인정해 주는 것처럼, 먼저 소개한 사람을 치켜세우고 감사 인사를 전한다. 그러면 더 많은 정보가 공유될 것이다. 좋은 정보를 쏙쏙 빼가면서 관심 없는 척, 안 따라해 본 척하는 얌체들은 정말 얄밉다.

완두_심쿵

#심쿵

쓸 내용이 없으니 오늘도 메뉴를 추천합니다, 애호박크림 후기가 좋으니 자꾸 추천하고 싶네요.

1. 다진 고기나 새우 볶볶
2. 채소 몽땅 넣고 볶볶
3. 그 위에 토마토 껍질 벗겨 잘게 자른 것 투하 후 섞기
4. 그 위에 시금치 자른 거 올리기
5. 약불에 뭉근히(물X, 무수분)

치즈는 섞어 넣어도 되고 먹을 때 한 장 올려 줘도 됩니다. 간은 안 해도 맛있지만 해도 됩니다! 저도 사촌언니가 알려 준 건데 대량생산 비상식량이에요.

심쿵이네 토마토소스
따라 하기 인증

### 온마을에 있는 '최소한'의 규칙

-놀이, 일상, 먹거리, 장난감, 육아템, 책 등 다양한 주제로 돌려 가며 글을 쓴다.

-'아프다, 힘들다, 걱정이다' 하는 고민과 관련한 글은 더 자세히 살펴본다.

-댓글을 달지 않아도 소외되지 않도록 서로 걱정해 주고 돌봐 주는 허용적인 분위기를 만든다.

-장기간 글을 쓰지 못할 때는 사정을 밝히거나 다른 사람의 글을 읽고 이모티콘만이라도 누른다.

-육아 중인 상황을 감안하여 짧은 시간에 편하게 접속할 수 있어야 한다. 오프라인 만남이 늘 플러스인 것은 아니다.

## 1단계, 설레고 조심스러운 썸

아이들에 대한 정보를 중심으로 소통하는 단계다. 뒷모습 사진이나 아이들의 신체 일부가 나오는 활동 사진을 먼저 공개하며 서로를 알아가는, 연애에서처럼 일명 '썸' 타는 단계가 필요하다. 모르는 사람들에게 내 아이에 대한 정보를 공개하는 것은 아이의 안전과도 관련되어 있으니 예민하고 부담스러운 일이다. 절대 '아이 얼굴 왜 공개하지 않느냐'고 지적 금지. 때가 되면 다 자연히 이루어진다. 썸 타고 있는데 바로 손잡으면 재미없잖아.

랜선 육아 모임 인원을 모집할 때도 처음부터 아이들 사진을 모두 공개할 필요는 없으며 아이 이름도 태명으로 진행해도 무방하다고 알린다. 참여하고자 하는 이들의 부담을 줄일 수 있다.

온마을도 처음에는 아이들이 활동하는 모습 사진이나 뒷모습 사진이 대부분이었다. 이름도 태명으로 부르다가 점차 아이들 본명이 하나둘 공개되고 얼굴도 드러났다. 나중에는 가슴 아픈 개인사도 함께 나누며 서로 다독이고 위로했다. 다음 글은 온마을이 시작된 지 한 달이 채 되지 않은 시점, 썸 단계의 글이다.

♡온마을♡ 

캔디_새로이

#새로이

새로이는 감기로 7일 차 약 받으러 병원 갔다 왔어요. 신종코로나에 누나까지 대동해야 해서 엄마는 부담되는데 새로이는 밖에 나가는 것 자체가 좋은지 이래저래 신났어요. 약국에 3분 머무르는데도 난리부르스.ㅜ 엄마랑 누나는 마스크 쓰고 정작 오늘부로 18개월 된 새로이는 마스크도 못 씌웠어요.

이럴 땐 진짜 아프지만 않아도 감사하고요. 열 안 나고 그냥 감기인 것만도 감사하게 되네요. 정신없어 사진도 못 찍었어요.

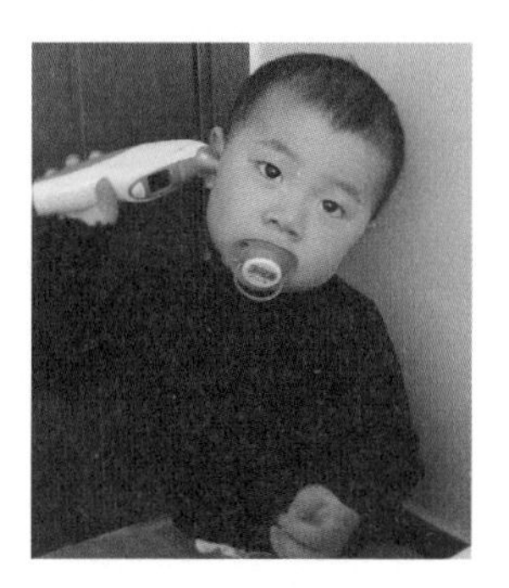

지금 다시 보니 웃음이 날 정도로, 내외하는 게 보인다. 현재 우리는 미역 두른 심쿵이 엉덩이, 올튼이 대왕 귀지며 갓 태어났을 때의 올누드까지 본 사이인데, 이때는 조심조심 글을 쓴 티가 난다. 이런저런 글이 쌓이고 시간이 흘러 역사가 되니 이 또한 랜선 육아 모임의 재미 포인트.

### 2단계, 불타는 연애

아이들에 대한 정보가 오가다 보면 글을 꼭 써야 하는 규칙이 없어도 몇 개씩 글이 올라오고, 어느새 아이가 자는 시간이나 혼자 노는 시간에 하루에도 몇 번씩 접속하는 자신을 발견하게 된다. 댓글을 올리는 것도, 보는 것도 신나고 재미있으며 다음 글이 기대되는 시기가 오면 조금씩 아이를 공개하다가 엄마에 대한 정보도 공개한다.

♡온마을♡

**비엔_꼬북**

#꼬북이는오빠가아니고형이었어요
너무 충격받고 정신 차리느라 지금 올립니다. 정심이가 아들이랍니다. 'wake me up when september ends'를 무한반복으로 들으며 집에 왔다가, 스타벅스 '블글라' 들이키고 싶어서 나가고 있습니다. ㅠㅠ

예시의 비엔은 남매맘이 되고 싶었다. 둘째를 임신하고 정기 검진에서 딸일 확률이 크다고 들었는데 아들로 확정되었을 때 가족 다음으로 그 소식을 알렸다. 덧붙이자면, 처음엔 기대와 달라 당황했지만 비엔의 둘째이자 꼬북이의 동생인 정심이는 사랑 듬뿍 받으며 잘 자라고 있다.

모임 구성원에 대한 모든 내용은 그저 신기하고 흥미로우며 알면 알수록 궁금했다. 심지어 일주일에 한 번 약속된 채팅 시간을 손꼽아 기다리고 그 시간에는 세상 그렇게 즐겁고 재미난 일이 없다. 하루 종일, 일주일 내내 아이에게 시달렸지만 그 시간만은 피로와 힘듦을 극복할 수 있다. 아이가 안 자려고 하면 마음이 초조해진다. 그래서 채팅하는 날엔 피곤해서 일찍 잠들 수 있게 오전부터 쉬지 않고 온 동네를 휘젓고 다닌다. 어느 날은 "네가 자야 엄마가 채팅을 한다, 정말 부탁한다."라고 말하기도 했다. 보고 싶고, 얘기하고 싶고, 알고 싶고. 어, 한 번쯤은 경험해 본 '그때 그 시절' 감정 아닌가? 마치 연애할 때처럼 말이다!

온마을은 이제 모두에게, '말할 거리가 생각나면 제일 먼저 달려오는 곳'이 되었다. 짧아서 괜찮을까, 너무 길지 않을까, 연속 두 번 올려도 되나, 자랑이 되지 않을까, 너무 없어 보이나, 사진 달랑 한 장 올려도 되나, 사진 30장 올려도 되나, 이런저런 복잡한 생각을 더는 하지 않고 글을 올린다. 지금 내 생각과 감정을 그때그때 내보내는 것이다. 그리고 내가 글을 쓰면 누군가 또 와줄 거라고 믿고 있기 때문에 '무플'에 절망하는 일은 없다.

### 3단계, 안정된 결혼

그냥 '결혼'이 아니라 '안정된 결혼'의 단계라고 칭한 이유는 그냥 '결혼'이라 하면 내 삶을 휘몰아치듯 뒤흔들고 가는 부부싸움, 부부가 잘 지내더라도 고부 갈등, 장서 갈등 등 개인 사정에 따라 느껴지는 가시밭길 같은 결혼에 대한 감정이 떠올려질 수 있기 때문이다. 그래서 '안정된'이라는 제목을 붙였다. 그 모든 갈등이 지나가고 평화롭고 즐거운 상태의 결혼 말이다.

랜선 육아 모임이 이 단계에 접어들게 되면 말하지 않아도 아는 우리만의 규칙이 자연스럽게 지켜지고 글이 안 올라오는 구성원을 걱정하며 필요한 시기에 적절하고 재미있는 이벤트들이 나타난다. 모임의 장이 이렇게 저렇게 노력하지 않아도 모든 구성원이 리더처럼 움직인다. 힘든 일이 있는 사람에게 집중적으로 댓글을 달며 돕고 아이의 새로운 성장을 알리는 글에 내 일처럼 기뻐하며 축하한다.

#### 함께 기뻐하고 축하해 주는 댓글

**연두_난이 첫 주유 축하**

기름 처음 넣으신 거 축하드립니다. 이제 조만간 셀프에 도전하십시오!

**꼬모_윤 첫 수확 축하**

텃밭 첫 수확 축하드려요. 보들보들하지요? 저희 반 애들이 급식시간에 첫 수확한 상추 따서 저 먹으라고 갖다 줬는데, 상추가 너무 보드라웠어요. 아이들의 그 마음이 예뻐서 안 넘어가더라고요.

**여름_봉봉이** 아이 생일 축하
오, 올튼이 두 돌 축하합니다! 진짜 키우느라 고생 많이 하셨고요. 엄마도 쓰담쓰담!

**비엔_꼬북** 엄마 생일 축하
생일 축하해요! 남편 분이 만드신 미역국이랑 잡채, 전 부럽기만 한데요. 오늘 행복한 하루되시길! 바쁜 와중에도 새로이 귀여운 사진 많이 찍어 주셨네요. 댄스 영상 보며 저도 즐겁게 주말 시작합니다.^^

## 마음을 읽어 주는 댓글들

**비엔_꼬북** 형제자매 진학 고민 상담
새로이 누나 학교 문제가 걱정이시군요. 학교생활은 학교 규모나 지원보다 담임선생님과 학생 자신에 의해 좌우되더라고요. 게다가 내년에 이사하면 가까운 곳에서 더 잘 챙겨 줄 수 있으실 거고요. 그간 쓰신 글 보면 둘 중 어떤 학교든 새로이 누나는 잘 다닐 거예요.^^

**도토리_올튼** 엄마 토닥임

심쿵이가 까탈스러운 아이는 아니지만 육아는 힘든 일이죠. 그리고 우리는 아이와 이제 겨우 2년이라는 시간을 보내고 있고, 처음이니까 아이의 변화가 항상 새롭잖아요. '아, 이렇게 해야 하는구나.' 하고 알만 하면 또 다른 변화가 찾아오니까 힘든 게 당연해요. 심쿵이가 잘 지내고 어린이집 적응도 잘하고 그러는 거 보면, 심쿵이는 엄마가 화를 내더라도 자기를 사랑하는 걸 확실히 알고 있고 또 안정감이 있는 것 같아요. 너무 스트레스 받지 말아요! 진짜 요즘 정올튼도 한창 미친 두 살이에요.ㅋㅋㅋ

**캔디_새로이** 경험 나누기

전 6개월 쯤 엄마, 아빠 계모임에 가서 찍은 단체사진에 콩만 한 모습이 어릴 적 유일한 사진이에요. 사진 찍을 형편도 아니었겠지만 아빠 혼자 자식 넷을 키우려니 여유 따윈 없었겠지요. 이런 제 어린 시절이 안쓰럽고 가여워서 참 힘들었는데, 상담을 공부하면서 내가 그걸 정당화하며 우울에 빠지려 하는 건 아닐까 하고 저 혼자 다독이면서 살아요. 자꾸 오락가락하면서요. 어린 시절이 한 사람에게 얼마나 중요한지를 알지만 부족한 나 자신을 받아들이려고 노력 중이에요. 힘내요!

**땅콩_준** 공감과 지지

추억을 꺼내 주셔서 감사합니다. 파랑새 찾으러 갔는데 파랑새는 우리 집에 있었다는 이야기처럼, 행복을 찾아다녔던 그 시절…. 연두의 파랑새는 난이가 되어 함께 지내고 있다는 점, 그리고 눈부신 이야기들을 소환해 주셔서 그때의 연두를 상상했어요. 우리 다 같이 만나서 추억 소환하며 함박웃음 짓고 싶어요.

## 4단계, 관계에 활력을 불어넣기

아이를 재우고 밤마다 휴대전화를 손에 쥔 채 손가락을 놀리느라 바쁜 아내를 보고 남편이 말한다. “무슨 할 말이 그렇게 많아?”, “대체 뭘 보고 그렇게 웃어?”

모임 구성원을 모으고 둥지를 꾸리기 시작하면 처음에는 아이들을 소개하느라 활발하게 소통이 이루어진다. 서로 궁금한 점을 질문하고 답변하느라, 온라인상의 공간이지만 북적이는 느낌이 든다. 내 글의 댓글을 확인하고 나도 댓글을 달아 주며 하루에도 몇 번씩 모임에 접속한다.

그러나 그 과정이 끝나고 나면 무슨 글을 써야 할지 고민되고 아이 이야기와 똑같은 일상 글도 한두 번이지 이젠 쓸 내용이 없다는 생각이 든다. 그럴 땐 랜선 육아 모임을 이끄는 리더가 마치 예능 MC처럼 적절한 질문을 던지거나 새로운 주제를 내놓을 수 있어야 한다. 리더가 주제를 던지면 나머지 구성원들은 그것에 맞게 자신의 이야기를 써 나간다. 모임은 다시 활기를 띠고 다음 주제에 대해 기대하게 되며 점차 모임은 안정된 길을 찾는다.

## 아이에 대해 함께 이야기할 수 있는 주제들

| | | |
|---|---|---|
| 아이 소개 | 놀이 | 이벤트 |
| 하루 스케줄 | 고민 | 육아 아이템 |
| 식사 및 간식 | 나들이 | 목욕 및 양치 |
| 배변 | 잠자리 | 병원 검진, 방문기 |
| 태명 혹은 태몽 | 건강 및 영양제 | |
| 탄생과정 | 아기 성장발달 | |

## 엄마에 대해 함께 이야기할 수 있는 주제들

| | | |
|---|---|---|
| 엄마 소개 | 관심사 | 재능 |
| 임신 이전의 삶 | 어린 시절 | 삶의 목표 |
| 임신 계기와 과정 | 원가족 이야기 | 소확행 |
| 출산 스토리 | 배우자 | 미션- (예)남편 장점 50개 쓰기 |
| 리즈 시절 이야기 | 여행 | |

캔디_새로이

#새로이

대학원 수업 중 딴짓으로 숙제를 완성합니다. 실은 꼬모가 올리신 거 보고 37번까지 억지로 써 봤으나 도저히 진도가 안 나가다 드디어 오늘 완성합니다.

완성했다는 사실만으로도 뿌듯한 숙제입니다만, 억지스러울 수 있어 구체적 이유는 생략했어요.^^

남편 장점 50가지

1. 화가 거의 없다.
2. 성격이 느긋하다.
3. 스트레스를 잘 안 받는 것 같다.
4. 직장생활을 성실하게 하는 것 같다.
5. 일상이 평온하다.
6. 음식을 가리지 않는 편이다.
7. 말수가 적다.
8. 마음이 여리고 정이 있다.
9. 특별한 불만이 없다.
10. 수긍을 잘하는 편이다.
11. 아이들에게 친절한 아버지다.
12. 돈에 별로 연연하지 않는다.
13. 가부장적 사고가 별로 없다.
14. 시키는 일은 하는 편이다.
15. 사주는 옷만 감사하다고 입는다.
16. 스킨십을 좋아한다(난 싫지만).
17. 잠을 잘 잔다.
18. 건강한 편이다.
19. 원가족 간 사이가 좋다.
20. 욕심이 없다.
21. 아내를 1순위로 인정한다.
22. 감정적으로 가족의 편에 선다.
23. 아내가 하는 일에 간섭이 없다.

24. 살림에 잔소리가 거의 없다.

25. 아내를 신뢰한다.

26. 쓰레기 버리기 담당이다.

27. 코를 심하게 안 곤다.

28. 차 욕심을 내지 않는다.

29. 아내가 하는 그대로 따른다.

30. 큰돈이 생기면 아내에게 준다.

31. 자신이 결혼을 잘했다고 말한다.

32. 시부모에게 효도를 강요하지 않는다.

33. 회사 일을 집에서 말하지 않는다.

34. 장난감 조립을 잘한다.

35. 음식 만드는 걸 좋아한다.

36. 설거지를 깨끗하게 잘한다.

37. 담배를 끊었단다(의심 중ㅎ).

38. 헌신적인 부모가 있다.

39. 아이들 미래에도 욕심이 없다.

40. 친구 관계가 무난하다.

41. 영화를 좋아한다.

42. 고기를 잘 굽는다.

43. 눈치 주는 일이 없다.

44. 건치다.

45. 건강하다.

46. 아이를 믿고 맡길 수 있다.

47. 내가 좋아하는 대통령과 같은 성씨다.

48. 다른 사람 흉을 봐도 아무 말 안 한다.

49. 나보다 어리다.

50. 예쁜 아이들의 아빠다.

# 방심하다간 어느 순간 훅 간다

모든 모임이 성공하지는 않는다. 실패를 무엇이라 정의할지에 따라 다르겠지만, 실패할 확률이 더 높다. 만든 모임을 어떻게 돌보면 오래, 즐겁게 지속할 수 있을까?

## 속 깊은 이야기는 아껴두기

이제 막 만나기 시작한 커플의 한쪽이 대뜸 결혼 이야기부터 꺼내면 상대는 도망가게 마련이다. 모임에서도 마찬가지다. 신뢰가 어느 정도 쌓인 후 서로를 개방하고 그에 적절한 주제를 던져야 한다. 온마을은 시작한 지 한 달이 흐르고 10개 정도의 주제를 다룬 후에 구성원들이 육아 이전의 삶을 이야기할 수 있었다. 어느 정도 친숙해지고 서로가 댓글에서 농담이 오갈 수 있을 때 마음속 이야기를 시작하는 것이 좋다.

### 새로운 주제에 대한 반응을 보며 다음 주제를 던질 시기를 정한다

주제를 던졌을 때 누군가는 바로 글을 써서 반응할 것이고 누군가는 고민을 거듭하여 글을 쓰거나 아이와 함께하는 시간 때문에 여유가 없어서 더디게 글을 올릴 수 있다. 그런데 더디게 글을 쓰는 사람이 해당 주제에 대해 글을 준비하고 있는데 새로운 주제에 대한 글이 올라오면 애써 준비한 글을 올려도 되는지 고민하게 된다. 구성원들이 글을 쓰는 주제들을 지켜보면 새로 주어진 주제의 글들이 지나가고 새로운 일상, 음식, 건강 관련 글이 올라오는 게 보일 것이다. 또는 어떤 이야기를 써야 할지 모르겠다거나 매일 똑같은 내용이라는 글이 나타나면 그때 다음 주제를 던지는 것이 좋다.

### 한 주제에 대해 모두가 글을 써야 할 필요는 없다

위에서 한 주제에 대해 대다수 구성원들이 글을 썼는지 고려하라고 했지만 모두 글을 쓰게 하라는 말은 아니다. 랜선 육아 모임은 스터디그룹이 아니며 육아 자체만으로도 어깨가 무거운 사람들이기 때문에 부담을 주는 것은 금물이다. '이번 주까지 이유식 주제 모두 올려 주세요' 식의 진행은 지양해야 한다.

### 모임 내 소모임이 생기더라도 공간을 분리하지 않는다

뒤에서 자세하게 이어지겠지만, 여러 이벤트를 벌일 수 있다. 그 과정에서 작은 소모임이나 몇 명이 모인 단톡방이 생길 수 있다. 온마을에서는 엠티를 준비하는 과정과 책 프로젝트를 진행하며 3~4인 규모의 소규모 단톡방이 만들어졌다. 중요한 결정이 전체 채팅이나 둥지가 있는 플랫폼이 아닌 다른 공간에서 이루어진다면 모임의 층위가 나누어지게 된다. 효율적인 의사 결정을 하기 위해 소규모 단톡방을 만들더라도 그 과정을 둥지에 공유하는 것이 필요하다. 같은 공간 안에서 이루어지면 더욱 좋다. 예컨대, 좋은 습관 만들기를 위해 런데이 챌린지를 함께한다면 따로 방을 만드는 것보다 기존의 방에서 하나의 글을 공지로 걸어 두고 그 글에 댓글을 누적해서 다는 방법으로 실천한다.

### 만남은 신중하게 결정한다

지리적으로 가까이에 사는 경우 만남을 추진할 수 있는데, 아주 신중하게 접근한다. 구성원들 사이에 더 친밀한 그룹이 생기면서 모임 전체의 응집력이 떨어질 수 있다. 학생 시절, 수학여행에 다녀와 서로 부쩍 친해진 채로 신나게 이야기하는데 같이 가지 못한 나만 소외된 기분과 비슷하다. 랜선 육아 모임의 목적은 단시간에 '소울메이트'를 찾는 것이 아니다. 삶을 이야기하며 육아의 외로움을 해소하고, 에너지를 얻어 가는 것이다. 그러다 보면 자연스럽게 진정한 친구가 따라온다.

### 종종 재미있는 이벤트를 한다

때때로 침체기가 온다. 각자의 생활이 바빠서 글을 올리지 못하는 경우도 생긴다. 그럴 때 재미있는 이벤트로 활력을 불어넣을 수 있다. 꼭 그러한 의도 없이 그냥 해 보는 것도 좋다. '재미'만큼 우리 삶을 활기 있게 만드는 것은 없으니까 말이다. 한 번쯤 해보면 괜찮겠다 싶은 이벤트를 체크해 뒀다가 시간이 날 때 시도해 본다. 아래 이벤트 목록 예시와 온마을 사례를 참고해도 좋고, 각자 가진 재능과 관심사를 바탕으로 새롭게 구성하면 더 의미 있을 것이다.

#### 할 수 있는 이벤트

| | | |
|---|---|---|
| 주 1회 정기 채팅 | 재능 기부 | 습관 실천 과제 |
| 그룹콜 | 책 나눔 | 육아용품 리뷰 |
| 화상채팅 | 아이와 함께 엠티 | 책 리뷰 |
| 선착순 기프티콘 증정 | 엄마만 엠티 | 말도 안 되는 프로젝트 |
| 아이 옷 나눔 | 퀴즈 맞히고 선물 증정 | |

## 9시부터 기다려지는 채팅 타임

온마을에서는 매주 토요일 저녁 10시에 채팅을 한다. 아이를 재우거나 사정이 있어 늦게 들어오는 사람도 있고, 참여하지 못하는 사람도 있다. “아무도 없어요? 20분까지 기다릴게요.” 하고 먼저 들어와 있음을 알리고 기다리기도 한다. 채팅은 10시부터 12시까지 딱 두 시간. 맘 같아서는 밤새 얘기할 수 있지만 우리에게는 새벽에 일어나거나, 중간에 세 번쯤은 깨거나, 그것도 아니라면 아직 안 자고 있는 아이가 옆에 있으니 시간제한 없이 수다 떠는 것은 다음 기회로 넘긴다.

남편이 바람피우냐고 묻네요
채팅한다고 하니 오해가 더 커졌어요 젠장

무슨 이야기를 해야 하나 부담을 가질 필요는 전혀 없다. 여럿이 얘기하다 보면 소재는 저절로 이어진다. 남편, 아이, 직장, 속상한 일, 결혼 전 이야기 등 끝이 없다. 손가락이 더 빠르지 못해 안타까울 뿐이다.

### 화장하고 오기 없음, 화상채팅

서로에게 익숙해지면 그룹콜이나 줌Zoom, 구글 미트Google Meet를 이용해 화상 만남에 도전해 본다. 여럿이 화상채팅을 할 수 있는 플랫폼이 많다. 대중적으로 많이 쓰이는 것은 구글 미트와 줌이다. 사용법도 무척 간단하다. 한 사람이 방을 만들고 주소를 공유하면 참여자들은 붙여넣기만 하면 된다. 밴드나 카카오톡 화상채팅은 적은 인원일 때 사용할 수 있다. 유튜브처럼 1인 방송을 송출할 수 있는 밴드라이브도 활용가능하다. 학교 수업과 같이 강의와 더불어 다양한 자료, 앱을 연결하려면 구글 미트가 좋다. 하지만 일반

적인 랜선 육아 모임은 단체 영상통화만으로 충분할 것이다. 마이크를 켠 상태로 여럿이 접속해 있으면 하울링이 많이 발생하는데, 이어마이크를 사용하면 낫다. 낄낄거리는 것을 남편이 듣지 않길 원할 때도 유용하다. 기능이 복잡하지 않아 한두 번 해 보면 금세 손에 익으며 어떻게 해야 피부가 반짝여 보이는지도 알게 된다.

## 재미가 없으면 의미도 없다

너무 진지하면 재미가 없다. 칭찬만 하고 서로 내외하는 단계라면 이벤트가 아직 이르다. 별것도 아닌 선물이지만 '네가 가져가는 꼴은 못 보지' 하는 마음으로 추잡하게 달려들 수 있을 때 더 재미가 있다. 물론 그 단계가 되면 무엇을 해도 재미있긴 하지만. 온마을은 심지어 시 읽고 감상하는 것도 재미가 있는 단계에 와 있다. 그전까지 할 수 있는 소소한 이벤트가 많다. 1천 원짜리 커피 한 잔에도 목숨 걸고 적극적으로 달려들어야, 하는 사람도 민망하지 않고 재미있다는 사실도 명심할 것. 선물 이벤트에 당첨된 후에는 후기를 써서 감사도 표하고 약도(?) 올린다. 온마을에는 타로점을 볼 줄 아는 캔디가 있다. 타로점도 온라인으로 본다. 작은 재능 기부 차원에서, 재미있는 경험 차원에서 한 번쯤 해 보면 좋다. 그저 자신이 가진 재능 중 한 가지를 보여주는 이벤트쯤이라 생각하고 부담 없이 시도해 본다.

온마을에서 했던 이벤트 중 하나를 소개한다. 숲길로 산책하러 간 올튼이

♡온마을♡ 

도토리_올튼

#올튼 #퀴즈 #상품있어요

뜬금없이 퀴즈!

올튼이는 뭘 보고 저런 행동을 한 걸까요?

선물은 우리 엠티 때 드리려 했던 것입니다ㅎㅎ

는 무엇을 흉내 내고 있는 것일까? 답 3개 쓰기. 남의 답 보고 고치기, 봐주기 힘든 아부하기 등을 거쳐 상품을 받은 연두. 정답은 바로 분수에서 물이 떨어지는 모습. 연두는 정답을 맞히고, 준비만 하고 함께 떠나지 못했던 엠티를 위해 도토리가 마련한 선물을 택배로 받았으며 그 후기를 올렸다. 굳이 비장하게 준비해서 이벤트를 하는 것이 아니라, 삶을 풍요롭게 하는 소소한 재미쯤이라 생각하고 소소한 이벤트를 기획한다.

## 오프라인 엠티와 당일 모임

일단 눈물부터 닦고 써야겠다. 온마을은 불타는 연애 단계에서 오프라인 엠티를 추진한 적이 있다. 마침 전국에 방사형으로 흩어져 사는 온마을 구성원들을 위해 각자 사는 지역에서 2시간 이내의 장소를 골랐다. 그곳은 바로 단양. 구성원 9명과 아이를 돌봐 줄 배우자를 포함하여 18명의 1박 2일 스케줄을 맞추는 것은 보통 일이 아니었다. 그리고 대학원 종강 후 달려오는 사람, 실습 날짜를 옮겨 달려오는 사람 등을 포함하여 모두가 엠티를 가기 위해 일정을 조정했다.

도토리는 단양의 숙소를 예약했다. 코로나가 잠시 진정된 상태이지만 밥도 마스크를 끼고 한 줄로 앉아 먹자고 했고, 엠티용 손소독제도 구입했다. 마침내 엠티를 떠나는 당일, 엄청난 수해로 인해 도로 파손, 다리 붕괴에 이어 열차가 운행을 중지했다. 당일 아침 채팅방에 급히 모여 오프라인 엠티를 취소했다.

그리고 다시 한 번, 이번에는 당일로 다녀오는 엠티다! 오프라인 당일 모임을 추진했다. 이번에는 자차로 가지 않고 KTX를 이용하고, 아침 일찍 모였다가 오후에 해산하기로 했다. 교통이 편리한 오송으로 정했다. 그런데 뜻하지 않게 코로나 확산세가 심각해지면서 또다시 취소해야 했다. 지난번 엠티 때 쓰려고 산 장식이랑 환영 플래카드, 머리띠, 선물교환 물품을 이번에는 쓸 수 있을 줄 알았는데 물 건너갔다. 또 한 번의 겨울 엠티 추진과 취소, 이제는 오기가 발동했다. 여름엔 꼭 엠티를 가고 말리라.

### 말도 안 되는 프로젝트

모임이 무르익으면 공동의 목표를 설정할 수 있다. 일상 이야기가 이어지던 중 나무는 또또 이야기와 함께 책을 펴낸 친구의 소식을 전했다. 학교 다닐 때부터 아주 똑똑했던 한 친구가 아이 둘을 낳고 키우며 정신없이 살다가, 작은 아이가 어린이집을 가기 시작하니 시간이 남아 책을 썼다는 것이다. 처음 쓴 원고가 5장이었고, 출간기획서 쓰는 법에 관한 책 한 권을 정독한 후 원고를 보내니 연이 닿아 책으로 펴내게 되었다고 한다. 아이 둘 키우며 시간이 남는다니 우리와 질적으로 좀 다른 사람일 수도 있겠다는 생각과 더불어 경외심까지 들었다. 그러다 우리도 온마을의 이야기를 책으로 만들어 보자는 생각이 머리를 스쳤다. 온마을 이전의 우리는 얼마나 외롭고 공허했는지, 온마을 이후의 육아는 또 얼마나 달라졌는지를 말해 주고 싶었다. 오늘도 아이와 함께 두 번, 세 번 놀이터에 나가 보초를 서며 시계를 보고 있는 엄마들에게 괜찮다고, 더 나아질 거라고 말해 주고 싶었다.

멀어서, 또 코로나 때문에 만날 수 없다는 건 아주 큰 이점이다. 역설적으로 그 덕에 우리는 이미 언제든 만날 수 있는 여건을 갖추고 있었다. 매주 토요일 밤 10시에 하는 채팅에서 자유롭게 의견을 나누었다. 밴드 게시글과 댓글로 소통했고, 본격적으로 원고를 쓰면서는 구글 드라이브 폴더를 공유해서 사용했다. 스프레드시트는 다음과 같은 경우에 유용했다. 누가 어떤 주제를 맡을지 9명의 의사를 모두 물어야 하는 경우, 하나의 주제에 대해 다양한 아이디어를 브레인스토밍 형식으로 모으는 경우, 할 일과 일정 등을 누적하여 기록하는 경우 등이다. 이렇게 모아진 의견은 곧 짧은 글로 거듭났고, 구글 문서에 차곡차곡 쌓으니 원고가 되었다. 우리는 이미 신뢰를 기반으로 오랫동안 소통해 왔기 때문에 원고를 쓸 때도 많은 규칙이 필요하지 않았다. 공간을 열어 두면 모두가 와서 자신의 몫을 하고 가고, 누구도 평가, 비판, 지적하지 않았다. 참여도가 높은 구성원도, 낮은 구성원도 물론 있다. 그러나 아무도 개의치 않는다. 그들은 존재로서 기여하고 있다. 실제로, 임신 중인 비엔은 미안함을 느끼고 연두와 도토리에게 개별적으로 채팅을 걸어 폐가 되고 싶지 않아 빠지겠다고 말했다. 물론 우리는 그녀를 밧줄로(?) 꽁꽁 묶어 나가지 못하게 했다. 어떻게든 해 보려고 애썼던 그녀의 노력을 알기에.

서로를 안다는 것, 이해한다는 것, 앞서 모임 규칙 만들기에서 언급한 것과 같이, 우리에게 '주 1회 1편 글쓰기, 그렇지 않으면 강퇴' 같은 제한이 필요 없는 까닭이다. 다시 한 번 강조하고 싶다. 온마을 사람들은 단 한 번도 만난 적이 없다. 사람과 사람이 관계를 맺는다는 것은 보이지 않는 고리 속에 들어오는 것과 같다. 매일 만나 두세 시간씩 시간을 함께 보내는 이웃 엄마들과의 고리가 항상 더 견고한 것은 아니다.

한 가지 더, 우리는 '온마을 함께 책 쓰기' 프로젝트를 통해 삶의 한 계단을 오른 기분이다. 사실 우리는 부자도 아니고, 엄청난 직업을 가진 것도 아니다. 각자의 자리에서 나름대로의 성취를 이어 가고 있었을 뿐이다. 그리고 아기들이 태어났다.

학교로 돌아가고 싶든 그렇지 않든, 기존의 삶이 사라지고 과거 '나'라고 믿었던 것들이 일순간에 상실되는 경험은 굉장히 아팠고 큰 상처를 남겼다. '아기는 예쁘다. 그런데 나는?'이라는 질문을 수도 없이 던졌다. 그런

그리고 오늘 오후에 아가들 빡세게 굴려 10시 전에 꿈나라 보낸 후 밴드라이브에서 봬요. 간단하게 진행상황 브리핑도 하고 샘들 의견도 여쭙고..
그리고 혹시나 해서 말씀드리는데, 우리 모두의 기여도가 같을 수는 없다고 생각해요. 다른 분보다 좀 적게 참여하시더라도 참여하는 그 자체로 감사한 일이고 또 점하나만 찍으셔도 우리는 온마을 이름으로 같이 하는거예요. 부담 갖지 마세요

8 읽음

8 읽음 오후 1:46 하지만. 꼭 오시길 권합니다 ㅋㅋㅋ

비엔_꼬북

내가 출판빠져서 서먹서먹하게되면 밴드 나가야되나ㅠ 싫은데ㅠㅠㅠ 2 읽음

이런생각까지 막 들고ㅠㅠㅠㅠ 2 읽음 오후 11:14

2 읽음 ㅋㅋㅋㅋㅋㅋㅋㅋ

2 읽음 내가 그말 할까봐 얼마나 맘졸였다고요!!!!

비엔_꼬북

전 그 구글드라이브 사용법도 잘몰라유
(아 이건 진짜 학교에서 듣기싫은 선배교사말투인데 내가하고있음) 2 읽음

구글드라이브 맨날 들어가서 보면 2 읽음

진짜 난 그동안 뭐하며 살았나싶고 2 읽음 오후 11:15

2 읽음 오후 11:15 자책하지마 이 임산부야!!!!

비엔_꼬북

난 정말 육아를 발로했구나 2 읽음

난 정말 게으른사람이야 2 읽음 오후 11:15

2 읽음 오후 11:15 -.+

생각을 하는 자신이 엄마답지 못한 것 같아 우울하고, 앞으로 나아가는 친구들, 동료들, 그리고 남편을 보며 혼자 뒤처지는 듯했다. 가장 가까운 사람들을 보며 우울감을 느끼는 자신을 자책하는 악순환. 아무것도 잘못한 게 없고 그저 아기 키우며 열심히 살았을 뿐인데 엄마들은 작아진다. 그리고 그 작아짐은 아이에 대한 집착으로 이어진다. '나는 아무것도 아니지만 너는 아무것도 아니어서는 안 된다.'는 보상심리 때문이다. 나는 개월 수마다 발달을 검색하면서 아이가 잘 자라는지 확인하려 했다. 누군가 우리 아이 보고 빠르다고 하면 그게 그렇게 기분 좋고 뿌듯했다.

그러다 온마을을 통해 같은 상황에 있는 사람들을 만나 위로를 받기도 하고 자극을 받기도 하며 변해 갔다. 나를 나답게 하는 공간, 이루어 내게 하는 공간, 당신에게도 진심으로 추천한다. 우리 모임에 딱 맞는, 더 좋은 아이디어를 많이 찾길 바란다. 그리고 그 빛나는 생각이 널리 공유되어 모임이 모임을 발전시키는 멋진 사례가 되었으면 좋겠다.

# 성찰편

## 어제와 달라진 나

사람과 사람이 만날 때만큼이나 헤어짐을 통해 우리는 성장한다. 아이를 매개로 만났으니 이 인연의 끈을 더 잘 풀어야 하는 책임이 있다. 모임 구성원을 떠나보내야 할 때 또는 내가 떠나야 할 때의 모습도 한 번쯤 생각해봄직하다. 또 이따금 멈추어 서서 나의 변화를 되돌아보는 시간을 가져 보자.

## 좋은 이별하기, 떠나보내기 싫지만

세상에 영원한 것은 없다. 구성원 모두가 계속 함께할 수는 없다. 각자의 상황이 달라져 참여가 어려워지면 다른 구성원에게 미안해지고 소속된 자체가 부담스러워진다. 육아 모임, 엄마표 놀이 모임 등에서 규칙을 지키지 않으면 강퇴하는 경우들이 많은데, 온마을은 모임 내 갈등, 분란을 만드는 경우가 아니라면 강퇴는 없고 언제든 다시 돌아오라는 쪽으로 의견을 모았다. 그 이유는 우리 모두가 아이들의 '랜선 이모'이기 때문이다. 엄마의 상황이 여의치 않아 아이 소식을 자주 못 보는 것도 아쉬운데, 강퇴로 영원히 인연을 종결하는 것은 너무 슬픈 일이다.

온마을은 1월에 시작되었다. 교사들에게 새 학년이 시작하는 3월은 가장 중요하고 바쁜 달이다. 그리고 3월에 온마을 메이트 '오이'가 복직하여 학교로 돌아갔다. 돌아갈 곳이 있다는 것은 감사한 일이다. 가르치는 일은 매력 있다. 하지만 학교도 직장이기에, 늘 즐겁기만 한 것은 아니다. 복직자에게는 더 그러했을 것이다. 복직한 오이는 정말 폭풍 같은 몇 달을 보냈다고 한다. 코로나로 인해 혼돈 그 자체였던 학교 상황, 쏟아지는 업무와 잘 해내고 싶었던 수업, 어린이집에 다니는 쌍둥이를 포함한 세 아이…. 오이의 하루는 새벽 5시부터 쉼 없이 흘렀다.

모두가 오이의 소식을 궁금해할 무렵, 반가운 그녀의 글이 올라왔다. 그러나 [#소은이의 마지막 인사]라는 태그와 함께였다. 화장실에 숨어 글을 쓰면

서 그녀는 어떤 마음이었을까. 그렇게 온마을은 10명에서 9명이 되었다. 참고로 오이는 온마을이라는 이름을 정한 장본인이다. 온마을이라는 멋진 이름을 남겨 주고, 우리로서는 감히 꿈도 못 꿀 지혜로운 삶을 글과 사진을 통해 보여 준 오이에게 지면을 빌려 감사를 전한다.

♡온마을♡ 

오이_소은

#소은이의마지막인사

친구들, 온마을 밴드의 소중한 친구들.

저는 복직하고 제 일상이 이렇게 바쁠지 몰랐습니다. 5시에 일어나서 8시에 아이를 다시 재우기까지 쉼 없이 흘러가는 시간 속에서, 너무 피곤하고 지친다는 생각만 들었어요. 지금은 매일 아이들 재우기 직전에 영양제를 다섯 알 입에 털어 넣는 게 그나마 아침에 눈 뜰 수 있는 힘인 것만 같아요.

아이들 어린이집에 들여보내고 부리나케 출근하면 9시부터 4시까지 업무 처리하고 4교시 수업, 점심시간 급식지도, 5, 6교시 수업이 휘몰아치니 매일 점심도 못 먹고, 저녁쯤이면 어질어질 기운이 없어 쓰러져 자기를 반복했어요. 그러다 보니 자연스레 밴드는커녕 폰도 며칠씩 확인하지 못해 메시지, 카톡도 밀려 있고 그랬답니다.

안 되겠다 싶어 아이 돌봄 선생님도 아침에 신청했고, 아는 분 통해 청소

도우미도 구했고, 반찬 배달도 받기로 했는데 아직은 체력적으로도 심적으로도 힘들어요.ㅠㅠ
생각해 보니 제가 여기에 참여도 못 하는데 멤버로 있는 것이 우리 온마을 모임에 너무 죄송했어요. 다들 열심히 사진 찍고 글 올리고 좋은 정보 나눔 하시는데, 저는 보탬이 되기는커녕 참여조차 못 하는 형편이다 보니 고민하다가 이렇게 인사를 드립니다.
휴직 중이었다면 더 좋았을 텐데 하는 생각도 들었어요. 하지만 앞으로 4년간은 열심히 일할 예정이고, 여유가 없을 것만 같습니다.

여러분, 그동안 소은이 예뻐해 주셔서 감사합니다.
온마을 밴드의 모든 친구, 항상 건강하고 행복하고 웃음 꽃피는 나날들 되길 응원하고 소망합니다.

(화장실에 숨어서 글 쓴) 소은 엄마 드림

마지막 글을 올려야 한다는 규칙은 어불성설이다. 누구도 그만둘 것을 생각하고 모임에 참여하지 않는다. 하지만 누구나 예기치 않게 떠날 수 있다. 생각과 달라서일 수도 있고, 정말 모임을 지속하지 못할 사정이 생겨서일 수도 있다. 그럴 때 인사를 남겨서 좋은 이별이 되도록 해야 한다. 하나하나의 인연은 생과 생이 만나는 엄청난 경험이고 언제 어디에서 어떻게 다시 이어질지 모르지 않는가. 맺는 것만큼 푸는 것 역시 세심함이 필요하다.

♡온마을♡ 

 도토리_올튼

#소은아우리꼭다시만나!

오이와 소은이를 잠시 보내 주며.

"안녕은 영원한 헤어짐은 아니겠지요. 다시 만나기 위한 약속일 거야."

소은이 계속 보고 싶고 오이도 보내 주기 싫지만, 밴드를 계속하자고 말씀드리면 부담을 드리는 것 같아서 언젠가 여유 생기면 꼭 다시 만나자는 인사로 보내 주려고 합니다.

소은아, 보고 싶을 거야. 이모들이 기다리고 있을게. 엄마 너무 힘들게 하지 말고!

댓글 12

완두_심쿵

소은이 많이 보고 싶을 거예요. 하고 싶은 말이 많은데 뭐라 적어야 할지…. 지금 육아며 학교 일이며 너무 지치고 힘든 시기일 텐데 잘 이겨 내시고 꼭 소식 다시 들을 수 있기를 바랄게요. 소은이네 가정이 늘 행복하고 건강하길 바랄게요. 꼭 다시 만나요.

---

꼬모_윤

우리 소은이 그사이 정들어서 너무 아쉽지만, 잠깐만 쉬었다가 여유 되실 때 꼭 오세요. 오이와 소은이 기다릴게요. 아픈 몸으로 힘겹게 품고 지켰던 소중한 둥이들과 선물처럼 찾아온 소은이 모두 건강하고 행복하시길 기도해요. 꼭 다시 만나요!

---

캔디_새로이

꽃보다 예쁜 소은아, 무럭무럭 자라서 만나자. 언니 오빠랑 쭉 잘 놀고, 오이도 힘내시고 또 만나요.^^

---

나무-또또

소은이 예쁜 웃음부터 숨을 때 보이던 아가 발까지 오래오래 기억할 거예요. 너무 바쁜 와중에 밴드에 계속 나오기가 얼마나 힘드실까 생각해 봅니다. 소은이네 늘 건강하기를 바랍니다.^^

누군가 떠나기를 결심하고 생각을 밝혔다면 그대로 흘러가게 두어도 좋다. 대신 보내는 사람들 또한 좋은 이별을 만들기 위해 노력해야 한다. 온마을에서는 '잘 보내 주는 글'을 통해 마지막 인사를 고했다. 꼭 다시 만나자는 인사와 함께 예쁘게 꾸민 소은이 영상, 제일 재미있었던 에피소드, 기억에 남는 소은이와 오이의 모습 등을 댓글로 남기며 응원했다. 우리 또한 같은 일을 하고 있어서 오이가 처한 상황을 너무나 잘 알고 있다. 정말로 가슴으로 이해하는 일이고 우리 역시 앞으로 겪을 일이었다.

우리가 쓴 댓글에 그녀가 찾아와 단 댓글은 '온마을 댓글 보다가 펑펑 울었어요. 너무나 큰 위로가 되어서요. 소은이가 또&^%' 하고 아무렇게나 눌린 특수문자와 함께 끝이 났다.

상대를 잘 보내 주는 일은 또한 언젠가 나에게 다가올 이별을 준비하는 일이기도 하다. 우리는 오이를 강퇴 처리하지 않았다. 오이는 언제든지 온마을에 와서 글을 볼 수 있고 또 쓸 수도 있다. 얼마 전 도토리가 안부를 물으니 잘 지내고 있다고, 조만간 소은이의 소식을 올리겠다는 답장이 왔단다. 소은이 소식이 궁금하지만 그냥 말뿐이었어도 괜찮다. 오이가 잘 지내고 있다니, 답장을 보내 준 것만으로도 감사하다. 그리고 사실 우리는 밴드 기능을 통해 알고 있다. 실수로 누른 것일지 몰라도 오이가 한 번씩 발걸음 한다는 것을.

오이와 다르게, 미처 단단히 매듭짓기도 전에 끝나는 관계도 있다. 호기심에 모임에 들어왔다가 몇 번 글을 올리고 점점 소원해지는 경우다. 그럴 때는 글을 쓰라는 재촉이나 규칙의 적용, 강퇴와 같은 제재를 하기보다 구성원 중 누군가가 일대일로 접촉해 보는 것을 추천한다. 채팅 기능을 이용해서 안부를 묻고, 요즘 어떻게 지내는지, 활동하기 어려운지를 묻고 앞으로의 방향을 확인한다. 그가 여기서 멈추기를 원한다면 오이와 마찬가지로 잘 보내 주는 것이 필요하다.

좋은 이별은 모임을 더욱 안전하고 튼튼하게 만든다. 잘 안 풀리는 일은 외면하고 싶지 않은가? 베란다에 잔뜩 쌓아놓은 택배 상자들을 외면하고 몇 주나 그냥 두기 일쑤인 것처럼. '아차, 내가 글을 많이 못 올렸네. 지금 바로 달려가서 올려야지.'라고 생각하기보다 '그만둘까' 하는 마음에 발걸음을 끊기가 쉽다. '어차피' 그렇게 되리라 이미 마음으로 예상하기 때문이다. 본인이 원한 것이 아니라면 '누구도 배제되지 않는' 그런 곳을 원한다. 수십 개의 글보다 한 번의 좋은 이별이 모임을 자라게 하는 데 좋은 거름이 된다.

안타깝지만 모임 자체를 접는 일이 생길 수 있다. 어느 모임이나 시작과 끝이 있는데, 그게 언제인지가 다를 뿐이다. 3개월 이상 유지되다가 소원해지는 경우, 우선 마음이 있는 구성원이나 모임장이 소재를 던지거나 이벤트를 추진해 본다. 그래도 회복이 되지 않을 때는 지켜보다가 논의를 거쳐 모임을 닫는 절차를 밟는 것이 좋다. 각 플랫폼의 투표 기능을 이용해 의사를 물어본다. 모임 유지를 선택하는 사람이 많다면 그들이 책임감 있게 좀 더 참여할 것이므로 모임의 수명이 연장된다. 하지만 오래지 않아 다시 시들해질 수 있다. 그때는 자료 백업 기간을 명시하고 인사 글을 올려 나눈 후 깨끗하게 정리하자. 그리고 잠시 쉬었다가 필요하다면 새로운 모임을 시도해도 괜찮다. 그간 목말랐던 대화, 나눔, 소통을 충분히 경험했다면 어쩌면 더 이상 모임이 필요하지 않다는 생각이 들지도 모른다. 숙제가 아니다. 내 안의 요구를 따라가면 된다. 나를 위한 것이었으므로 아쉽지만 실망할 것도 없고 상처받을 일도 아니다.

1년 이상 유지되고 정말 끈끈하다고 생각했는데, 구성원이 여럿 빠져나가는 일로 유지가 어려워질 수도 있다. 소수로 계속 유지할 수도 있지만 개인적 인연만 이어 나가고 모임이라는 틀은 없애는 게 더 경제적이기도 하다. 모임을 접기로 했다면 남은 소수의 인원은 카카오톡 단체채팅방으로 옮겨가 소식을 이어 나가고 기존의 둥지는 폐쇄하자. 이 경우에도 투표, 자료 백업 기간 공지, 작별 인사의 과정을 거친다. 한때 내 소중한 시간을 쏟은 것에 대한 작은 예의다.

# 내 세계는 멈춘 줄 알았는데

누구나 아이를 잘 키우고 싶어 한다. 어떤 놀이를 해 줘야 아이에게 좋은 자극이 될지 고민한다. 아이 앞에서 스마트폰을 자주 사용하다 어느 날 스마트폰을 자기 것처럼 자유자재로 가지고 노는 아이를 보면 소위 '현타'가 온다.

다른 사람들이 아이를 키우는 모습을 보면 더 작아진다. '엄가다(노가다의 변형으로, 엄마가 아이를 위해 애써서 뭔가를 만들 때 쓰는 말)'로 만들어진 화려한 엄마표 놀잇감, 어쩜 우리 아이보다 더 어린 개월 수에 척척 해내며 해맑게 웃는 아이 모습, 그래서 저렇게 행복하구나 싶은 다른 엄마들의 글과 사진을 보면 정말 더 작아진다. 난 저런 좋은 집도 없거니와 아이 키우면서 저렇게 예쁘게 살림하지도 못한다. 간신히 윽박질러 가며 TV 앞에 앉은 아이 입에 한 숟갈 음식을 떠 넣어 준다. 내 아이는 엄마 잘못 만나 지금 스마트폰

보고 있구나 하면서 말이다. 그런 멋진 엄마들을 따라 해 보려고 애를 쓰면 쓸수록 괴로워지는 아이러니. 그런데 참 이상하다. 육아를 잘 해내기 위해서는 육아에 더욱 애쓰는 대신 아주 작게나마 '나 자신'의 삶을 확보하는 것이 필요하다. 아이를 키울 때는 잠깐 화장실 가기도 어렵다는 것을 잘 안다. 우리도 같은 상황에서 도움 없이 홀로 아이를 키우니까 마음을 다해 이해할 수 있다.

## 시간이 많은 타임푸어가 되다
## 온마을 이후의 나

원체 손이 느린 나는 엄마가 되기 전에도 직장 일에 쫓겨 하루살이 인생을 보내곤 했다. 집에 돌아오면 지쳐서 아무것도 못 하겠다고 생각했는데, 이젠 그 시절이 그리워질 정도다. 엄마가 된 이후 하루도 빠짐없이 나는 지쳤다. 잠을 제대로 못 자고, 허리와 손목이 아프고, 아이 스케줄을 체크하며 따라가기 급급했다. 오직 아기만을 위해 존재하는 사람이 되어 갔다. 타임푸어란 게 다른 게 아니었다. 나의 자유의지로 쓸 수 있는 시간이 사라지는 것. 엄마는 기본적으로 타임푸어가 될 수밖에 없다는 걸, 엄마가 되고 나서야 체감했다.

나만의 시간을 갖고 싶다는 갈급함은 커졌지만 내게 남은 에너지는 그다지 많지 않았다. 내 취미를 매개로 독서 모임에 참여할 기회가 생겼음에도, 전국구 오프라인 모임이었기에 일정과 장소 등을 선정하는 것부터 쉽지 않았다. 가까스로 참가한 모임이 무척 즐겁긴 했으나 육아 중 이런 형태의 모임을 꾸준히 갖기는 힘들 것 같았다. 아이와 산책하며 만나는 아이 또래 엄마들과의 대화 역시 공감할 만한 소재는 많았지만, 내 이야기가 너무 하고 싶었던 나머지 이말 저말 두서없이 쏟아놓은 날 밤엔 이불을 차며 후회하기도 했다.

나를 드러내고 싶었다. 그 장소는 안전한 곳이길 바랐다. 내가 글을 쓰고 나서 후회하지 않을 곳, 내 이야기에 귀 기울여 주는 사람이 있는 곳, 청자가 화자의 이야기를 듣고 부담을 느끼지 않을 곳, 그러니까 시나브로 따뜻한 관계가 형성되는 곳. 내겐 그곳이 온마을이다. 아이 걱정에 내가 한없이 작은 사람이 되어 버린 것 같을 때, 친정엄마나 친한 친구에게도 차마 하지 못할 속앓이로 마음이 아플 때 두드리는 곳이 온마을이다.

게시글을 읽고, 쓰고, 댓글을 달고, 채팅에 참여하며 차츰 모임원들의 좋은 면면을 알게 되었고, 유용한 정보도 얻었다. 나를 보여 줄 수 있는 안전지대를 찾았다는 안도감과 만족감도 시간이 지날수록 더 커졌다. 모임 초기에 온마을이 부담스러워지면 어쩌나 우려한 것도 사실이다. '내가 쓸 수 있는 한 줌의 시간을 더 쪼개야만 하는 건 아닐까?', '혹시 옆에 아기를 끼고 핸드폰에 시선을 빼앗겨 아이와 놀아 줄 시간마저 부족해지는 건 아닐까?' 걱정하기도 했다.

그러나 그건 기우였다. 나는 온마을 활동을 하고, 지금은 출판 준비로 글을 쓰는 중임에도 지난 한 해보다 훨씬 많은 책을 읽고, 아이를 더 자주 데리고 나가 놀고, 온마을에서 알게 된 놀잇감을 구해 아기와 집에서 놀고, 완두표 유아식에 도전해 맛있게 먹는 아기를 보고, 유익한 책을 선물 받고, 유모차 끌다 지칠 때 퀴즈 상품인 쿠폰으로 커피도 마시고, 자투리 시간을 이용해 메모도 한다. 지금도 아이와 인근 공원에 다녀온 뒤 아이가 차에서 잠시 잠든 틈을 타 주차장에서 글을 쓰고 있다. 나는 여전히 타임푸어지만 온마을에서 얻는 활력과 충전된 에너지로 부족한 시간을 더 알차게 보내는 중이다.

### 온마을에 대한 궁금증 Q&A

**Q.** 규칙이 없어도 운영이 되나요? 글 안 쓰는 사람들이 생기면 어떻게 하나요?

**A.** 글을 안 쓰는 사람들이 왜 안 쓰는지, 혹시 못 쓰고 있는 상황은 아닌지 구성원 모두가 모니터링하고 있어요. 요즘 소식이 올라오지 않는 구성원이 있다면 그걸 알아챈 누군가가 글을 올려요. '비엔 나와라, 오바.', '윤이 보고 싶다!' 이런 식

으로요. 그 구성원을 '@올튼'이라고 태그하면 더 좋죠. 그런데도 글을 안 올리는 경우, 온마을에서는 개인 채팅으로 연락해 봐요. 글 쓰라는 게 아니라 괜찮은지 조심스레 안부를 확인하는 거죠. 그런 일이 없어야겠지만 만약 모임을 진행할 의사가 없어서 글을 안 올리는 거라면 개인적으로 먼저 묻고 확인해서 모임 전체에 영향을 미치지 않도록 해요. 사정이 있어서 당분간 자주 발걸음 하지 못하는 경우 글로 써서 알려 주면 더 좋겠지요.

**Q.** 누군가 눈치 없이 자꾸 자기 자랑을 하면 어떡하죠?

**A.** 최선을 다해서 계속 오고 싶은 둥지를 만들어 놨는데도 자꾸 자랑만 하는 사람이 있다면 그건 그의 문제지, 모임의 역량이 부족해서가 아니에요. 눈치 보면서 '어머, 너무 부러워요. 참 좋으시겠어요.' 하지 말고 그 내용은 스킵하거나 자랑 아닌 다른 주제에 초점을 맞춰 댓글을 달아 주세요. 그리고 처음부터 '과한 자랑 글이 혹시 누군가에게 상처를 줄지 모르므로 조심하자'고 언급하면 좋아요. 다 행복해지자고 하는 일인데 랜선 육아 모임에 와서까지 참아야 하고 괴로우면 안 되니까요.

# 여전히 엄마로서,<br>새로운 시작점에서

'기획안 보고 연락 드렸습니다.'

이 문자를 받고 가슴이 방망이질 하듯 뛰었다. 솟구치는 아드레날린을 뿜으며 온마을에 이 소식을 전한 게 반 년 전. '다음 달에 우리 책이 나오겠구나!'를 다섯 번 외치는 동안 새해가 되고 계절이 두 번 바뀌었다. 예상치 못한 긴 레이스, 너도 나도 우리 모두 대견하다.

'일춘기'라는 두 돌 아이를 가정보육하며 책 작업을 하는 건 생각보다 고됐다. 낮잠을 자야 원고도 보고 일을 하는데 우리 님께서는 자지 않으시겠단다. 아이를 차에 태워 드라이브를 하다가 아이가 잠들면 근처 주차장에 살그머니 차를 댔다. 조용히 노트북을 열고 글을 써내려가노라면 차 안은 잠든 아이 숨소리와 자판 누르는 소리로 가득 찼다. 짧은 시간 내에 최대한 집중해서 써야 했다. 마음은 바빴지만 머리는 맑았다. 아이에게 왠지 좀 멋진 엄마가 된 기분도 들었다. 이 밀도 있는 시간의 경험은 바닥을 치고 다시 올라오는 힘이 되었다.

어느 순간 사고처럼 일어나는 일들이 있다. 그 찰나 같은 일의 연쇄가 삶에 새로운 길을 낸다. 어쩌다가 만든 육아 모임이 공동체가 되고 동반자가 되었다. 그 길이 출판으로 향했고, 책은 또 우리를 어디로 데려다 줄까 생각한다.

나를 가만히 두지 않는 꼬맹이와 마음에 들지 않는 남편 때문에 못 자고 못 먹고, 사느라 힘들어 죽겠는데 왜 살이 찌는지 모르겠는 분, 백옥까진 아니어도 깨끗했던 피부와 훌륭하진 않아도 봐줄만 했던 내 몸매의 실종에 우울하신 분, 수유 후 흔적기관으로 남은 가슴인데 왜 아이 낳기 전에 입었던 속옷이 숨 막히는지 모르겠는 분, 그리고 이 슬픈 이야기들을 어디다 할 데도 없고 우울해죽겠는 분, 이제는 방구석에 있더라도 누군가 만나보시라! 우리에겐 휴대폰과 와이파이가 있지 않은가.

나를 드러내고 싶었다. 그 장소는 안전한 곳이길 바랐다.
내가 글을 쓰고 나서 후회하지 않을 곳, 내 이야기에 귀 기울여 주는 사람이 있는 곳,
청자가 화자의 이야기를 듣고 부담을 느끼지 않을 곳,
그러니까 시나브로 따뜻한 관계가 형성되는 곳. 내겐 그곳이 온마을이다.

멀어서, 또 코로나 때문에 만날 수 없다는 건 아주 큰 이점이다.
역설적으로 그 덕에 우리는 이미 언제든 만날 수 있는 여건을 갖추고 있었다.

실제의 삶을 타인과 공유하는 경험은 짜증 나고 무겁고
심각했던 내 삶을 가볍게 바라보게 했다.